Los hombres que amaban las plantas

Stefano Mancuso

Los hombres que amaban las plantas

Historias de científicos del mundo vegetal

Traducción de
David Paradela López

Galaxia Gutenberg

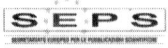

La traducción de este libro ha recibido una ayuda de *SEPS-Segretariato Europeo per le Pubblicazioni Scientifiche*. Via Val d'Aposa 7, 40123 Bologna (Italia), Fax (+39) 051 265983, seps@seps.it, www.seps.it

Título de la edición original: *Uomini che amano le piante*
Traducción del italiano: David Paradela López

Publicado por
Galaxia Gutenberg, S.L.
Av. Diagonal, 361, 2.º 1.ª
08037-Barcelona
info@galaxiagutenberg.com
www.galaxiagutenberg.com

Primera edición: abril de 2025

© Giunti Editore S.p.A., Florencia-Milán, 2013
www.giunti.it © de la traducción: David Paradela López, 2025
© Galaxia Gutenberg, S.L., 2025

Preimpresión: Maria Garcia
Impresión y encuadernación: Romanyà-Valls
Sant Joan Baptista, 35, La Torre de Claramunt-Barcelona
Depósito legal: B 78-2025
ISBN: 978-84-10107-64-9

A mi maestro Franco Scaramuzzi,
hombre que ama las plantas

Índice

Ilustraciones

Salvo indicación en sentido contrario, las imágenes pertenecen al Archivo Giunti. El editor se declara dispuesto a resolver cualquier reclamación con respecto a las imágenes cuya fuente no haya sido posible localizar.

Cortesía de Stefano Mancuso (pp. 16, 21, 22, 25, 26, 29, 30, 34, 36, 38, 43, 44, 46, 47, 48, 51, 54, 57, 61, 63, 65, 66, 69, 71, 73, 74, 78, 82, 85, 86, 89, 92, 95, 96, 98, 103, 106, 108, 112, 114, 115, 116, 119, 120, 123, 124, 130, 132, 135, 141, 144, 146, 150) y láminas a color (pp. 1-8).

p. 58 © The Granger Collection/Archivi Alinari

p. 110 © Humboldt-Universität zu Berlin/Bridgeman Images/ Archivi Alinari

p. 126 © DeA Picture Library, con permiso para Alinari

p. 151 © The Print Collector/Corbis

Advertencia al lector

Antes de dar paso a las cautivadoras historias de los protagonistas de este libro, me permito retener brevemente la atención del amable lector para exponer los motivos que me llevaron a escribir estas crónicas. Lo que tienen en común todas las personas que en breve conoceremos es una capacidad poco corriente, aunque esencial, en un científico: la capacidad de ver las cosas que nos rodean, en especial las extraordinarias manifestaciones de la vida, prestándoles una atención participativa. Observar con respeto –y aun con amor, me atrevería a decir–, indagar y comprender es algo que todo buen naturalista debe aprender, con tenacidad y determinación. Las historias que siguen, aun siendo muy diferentes entre sí, tienen en común el hecho de que sus protagonistas poseían dicha capacidad.

A lo largo de los años, ya sea por mis estudios o por causas del azar, me he ido cruzando con ellos y los he frecuentado, a veces de forma esporádica, pero sin quitármelos nunca de la cabeza, un poco como ocurre con los amigos. Algunos me caen simpáticos, por muchos siento un sincero afecto, pero todos gozan de mi admiración y gratitud personal por su labor. Espero que las páginas siguientes reflejen lo que siento por cada uno de ellos.

El orden en que se narran sus historias no es cronológico, ni de importancia, ni de ningún otro tipo. A decir verdad, al principio, no tenía ni idea de por qué había seguido esta secuencia. Solo más tarde me di cuenta de que obedecía a cierta lógica. De hecho, los tres primeros personajes eran agrónomos; los seis siguientes, científicos; y los tres últimos, personas que, siendo famosas en otros ámbitos, cultivaron, nunca mejor dicho, cierta afición por las plantas, por lo que podríamos calificarlos de simples diletantes. Algunos de ellos tuvieron que luchar contra las dificultades y los prejuicios para que sus ideas fueran reconocidas. Otros fueron auténticos héroes cuya perseverancia ha adquirido un significado que trasciende sus logros. A todos ellos les estoy sumamente agradecido por todo lo que me han enseñado. Si he decidido poner estas historias por escrito, ha sido con la esperanza de que su lectura inspire a otros investigadores, profesionales o no; a otras personas que aman las plantas.

Todos los personajes de los que aquí hablaremos se atrevieron a mirar más allá; en cierto modo, fueron visionarios y precursores. Y de este modo, partiendo de las plantas, o mejor dicho, amándolas, cada uno de ellos cambió un poco el mundo. Puede que haya otras maneras de hacerlo, pero ninguna, creo yo, tiene el mismo encanto.

P. D.: Con el libro ya terminado, la editorial me pide que añada algo sobre las investigaciones que llevamos a cabo en el LINV (www.linv.org), el Laboratorio Internacional de Neurobiología Vegetal de la Universidad de Florencia (con sede también en Japón), que fundé en 2005 y dirijo desde entonces. No sé cuán familiarizados estarán mis lectores con la figura del editor: espero por su bien que no mucho. Sea como fuere, y por muy afortunado que uno sea, algo que todos los editores tienen en común es que, cuando se les mete en la cabeza que puedes hacer algo que contribuya al éxito de un libro, no puedes negarte a hacerlo. Yo, al menos, no puedo. De modo que, puesto que mi editor se empeña en que escriba unas palabras sobre mis últimos intereses científicos, diré cuatro cosas sobre el proyecto de la Jellyfish Barge.[1]

Nuestro grupo de investigación del LINV, junto con nuestro *spin off* universitario (www.pnat.net), ha desarrollado un proyecto de

---

1. El autor expone detalladamente el proyecto de la Jellyfish Barge en su libro *El futuro es vegetal*, trad. David Paradela López, Barcelona, Galaxia Gutenberg, 2017, pp. 227-236 *(N. del T.)*.

invernadero flotante autónomo que, esperamos, contribuya a resolver el problema de la creciente necesidad de alimentos que tanto preocupa al planeta. Se trata de un invernadero flotante destinado a la producción de plantas y completamente autónomo en cuanto a las necesidades de suelo, agua y energía. Me explico: como flota en el mar, no ocupa espacio en el suelo; como desaliniza el agua, no consume agua dulce; y, por último, como obtiene toda la energía que necesita del sol y las olas, goza de autonomía energética.

La estructura de esta granja marina, tan sencilla y, a la vez, tan innovadora desde el punto de vista tecnológico, se presentó en la Exposición Universal de 2015, cuyo tema principal rezaba, precisamente, «Alimentar el planeta».

Alimentar en las próximas décadas a una población mundial en constante y fuerte crecimiento es un problema que exige una capacidad visionaria similar a la de muchos de los protagonistas de este libro. La FAO estima que para el año 2050 habrá que incrementar la producción agrícola en un 70 %, teniendo en cuenta tanto el aumento previsto de la población (que para entonces debería alcanzar los 9.300 millones de habitantes) como los cambios que se esperan en cuanto a dieta y niveles de consumo. Para lograr tal aumento de la producción, estoy convencido de que tendremos que cambiar nuestra idea de lo que es la agricultura y empezar a pensar en los mares como espacios de producción agrícola.

¿Ciencia ficción? No lo creo; más bien un simple cambio de costumbres o de punto de vista, si queremos llamarlo así. Algo similar al cambio de perspectiva que muchos de los protagonistas de este libro –agrónomos, botánicos, genetistas, filósofos, naturalistas– lograron introducir gracias a su inquebrantable confianza en la investigación científica puesta al servicio del ser humano.

Fig. 1: George Washington Carver (¿1864?-1943).

I

El hombre al que cambiaron por un caballo
George Washington Carver y el cultivo del cacahuete

George Washington Carver nació hacia 1864, en plena guerra de Secesión estadounidense, en una pobre cabaña de una granja del sur del país. Desconocemos qué día nació: «Me gustaría mucho a mí también conocer la fecha exacta de mi nacimiento –explica el propio Carver–, pero en aquellos tiempos nadie se tomaba la molestia de registrar los datos de los hijos de padres esclavos, y mi caso no fue ninguna excepción». En 1864, ser una persona esclavizada en los estados sureños significaba no tener nada, literalmente. Ni siquiera un nombre. De hecho, George Washington Carver se llamaba, en rigor, George Washington *de* Moses Carver, un agricultor de Misuri más o menos acomodado que era el propietario de la madre de George.[1]

La aventura existencial de Carver –que, como esclavo e hijo de esclavos en una granja del sur profundo de Estados Unidos, no puede decirse que hubiera empezado demasiado bien– parecía destinada a empeorar rápidamente cuando, siendo apenas un bebé de seis semanas, una banda de saqueadores dedicada al robo de ganado y esclavos lo secuestraron a él, a su madre y a su hermana y lo vendieron en Arkansas. Por fortuna, Moses Carver era un amo considerado y, sobre todo, alguien que no soportaba que le quitasen lo que era suyo. De modo, pues, que partió en busca de los cuatreros, a los que encontró al cabo de unas semanas y, tras una rápida negocia-

---

1. Del padre de George Carver no tenemos noticias. Solo sabemos que era propiedad de una granja vecina, que por lo visto estaba en condiciones de engendrar una progenie sana y fuerte, y que falleció de forma accidental, atropellado por un carro de bueyes.

ción, consiguió rescatar a George a cambio de un caballo de carreras valorado en trescientos dólares. De su madre y su hermana, sin embargo, nunca más se supo.

Cuando alguien se asoma a la vida de manera tan azarosa como George Washington Carver y, a pesar de todo, no sólo sobrevive, sino que conserva inalteradas las ganas de saber y la confianza general en el prójimo, es señal de que está hecho de una pasta especial. Y, hasta el último día de su larga y gloriosa vida, Carver demostró que esa pasta era de primera calidad.

George continuó trabajando en la granja de Moses Carver hasta unos diez años después de la emancipación.[1] Durante ese tiempo, siempre en contacto con la naturaleza, desarrolló un gran interés por las plantas que lo acompañaría el resto de la vida. Tiempo después recordaría así aquellos años:

> Día tras día, pasaba mi tiempo libre en el bosque recogiendo flores hermosas y cultivándolas en mi jardín [...]. Debo decir que las plantas, del tipo que fueran, parecían prosperar bajo mis cuidados. En poco tiempo empecé a ser conocido como el médico de las plantas y gentes de todo el condado traían plantas a mi pequeño jardín para que se las curase.

La pintura y la música eran sus otros dos intereses en aquellos tiempos de «desordenados deseos de saber».

George se moría por aprender. Con muy poca ayuda, aprendió a leer y a dominar la lengua y la gramática.[2] Pero esa manera tan

---

1. La concesión de libertades civiles a las personas negras esclavizadas coincidió formalmente con la Proclamación de Emancipación, pronunciada por el presidente Abraham Lincoln el 1 de enero de 1863, con la guerra de Secesión todavía en marcha. En ella, Lincoln proclamaba la libertad de todas las personas esclavizadas que vivían en los territorios rebeldes de la Confederación. En la realidad, el proceso de liberación de las personas esclavizadas fue mucho más lento, pero la proclama fue el paso previo a la aprobación, ya concluida la guerra, de la Decimotercera Enmienda a la Constitución (18 de diciembre de 1865), por la que se abolía la esclavitud en todo el país.
2. De forma autodidacta, Carver estudiará el *blue-backed speller*, el manual de gramática de Noah Webster con el que se formaron varias generaciones de estadounidenses entre finales del siglo XVIII y principios del XX.

poco metódica de estudiar no lo satisfizo y llegó a la conclusión de que necesitaba recibir una educación más formal.

Decidió, pues, asistir a una pequeña escuela rural situada a quince kilómetros de la granja, en la vecina población de Neosho, sin que los Carver pusieran reparos a su partida, pero sin recibir de ellos tampoco ninguna ayuda económica. A la edad de poco más de dieciséis años, y sin un centavo en el bolsillo, George inició el largo y difícil viaje hacia otra vida. Después de cruzar varios campos, ascender colinas y saltar setos y empalizadas, llegó por fin a Neosho, donde no había estado nunca, a última hora de una tarde de 1875. El joven George se encontraba por primera vez solo y lejos de la granja, y tuvo que superar numerosos obstáculos y dificultades de toda índole. En primer lugar, no tenía nada de dinero. Como él mismo recordaría más tarde: «No tenía ni un centavo, no conocía a nadie y no tenía dónde pasar la noche». A la vista de su precaria situación, George decidió alojarse en un viejo granero y se las arregló desempeñando trabajos esporádicos que le garantizasen la supervivencia. A pesar de las adversidades, de la falta de hogar, de la soledad y de la pesadez del trabajo, el muchacho consiguió asistir con éxito al colegio de Neosho, que, a juzgar por su testimonio, tampoco debía de ser para tirar cohetes:

El profesor no tenía preparación. El edificio del colegio era un simple tugurio de madera, mal ventilado en verano y terriblemente frío en invierno. Los pupitres eran tan altos que los pies de los alumnos nunca tocaban el suelo, y no había respaldos en los que apoyarse. No se seguía sistema didáctico ninguno. Diría que todos los inconvenientes que la imaginación pueda describir podían encontrarse en ese colegio.

Aun así, un colegio mal equipado y un profesor incompetente fueron suficientes para que la imaginación del muchacho prendiera como una mecha. Pues fue allí, en efecto, donde George W. Carver descubrió que lo que de veras deseaba era convertirse en «experto en plantas».

En un año aprendió todo cuanto el colegio podía ofrecerle; después de eso, deambuló de un lado a otro por el sur, desempeñándose en mil trabajos y completando los estudios secundarios en Fort

Scott. Seguidamente, empezó a hacer planes para ingresar en la universidad.

En 1890, los negros no lo tenían nada fácil para acceder a la universidad. Mejor dicho, era algo que todavía no había ocurrido en un país como Estados Unidos, que durante muchos decenios continuó segregando y discriminando a las personas por motivos raciales. Recordemos que, en 1890, todavía faltaban sesenta y cinco años para que el Tribunal Supremo de Estados Unidos sentenciase que las universidades no podían negarle la admisión a alguien debido al color de su piel.

Sin embargo, el que ningún negro hubiera cursado estudios universitarios en su país no echó para atrás a George, que al saber que en Iowa había un centro que parecía adecuado a sus intereses, solicitó el ingreso. A la semana siguiente le confirmaron que estaba aceptado. Feliz por la inesperada sencillez del procedimiento de admisión, puso rumbo a Iowa, gastando todos sus ahorros en el viaje. Por desgracia, le esperaba una mala noticia: la universidad lamentaba el error, pero el detalle del color de la piel –que el propio George había tenido la cautela de especificar en la solicitud– se le había pasado por alto a un empleado poco atento y que, probablemente, jamás había imaginado poder encontrarse ante un caso como ese; la cuestión es que las autoridades lo lamentaban, pero el negro Carver no iba a poder estudiar en esa universidad.

Pero George Carver no era de los que se desaniman a la primera de cambio; además, desde el principio se había hecho a la idea de que no iba a ser fácil. Ese mismo año, el Simpson College de Indianola, Iowa, lo aceptó como alumno, a pesar de ser negro. Ya solo quedaba una última barrera que lo separaba de su sueño: tenía que encontrar dinero para pagar la universidad. Se adaptó a lo que hizo falta: limpiador de alfombras, lavandero, mozo de cuadra, cocinero de primera en un hotel... En el plazo de un año, consiguió ahorrar el dinero necesario para abonar la matrícula.

Su situación económica era tal que, una vez pagada la inscripción, como él mismo recordaría: «Me quedaron exactamente diez centavos, que invertí en cinco centavos de harina de maíz y otros

Fig. 2: George Washington Carver (en primera fila, en el centro), con los miembros del cuerpo docente del Instituto Tuskegee del estado de Alabama.

cinco de manteca de cerdo. Con ese menú podía vivir una semana entera».[1]

El problema era que el Simpson College de Indianola estaba especializado en la enseñanza de las artes; las ciencias no estaban demasiado representadas, y George lo que quería, sobre todo, era estudiar las plantas. No obstante, no se desanimó y, tras numerosos intentos, consiguió el traslado a la Universidad Estatal de Iowa, en Ames, donde finalmente se licenció en Agricultura (fue el primer negro en obtener una licenciatura en Estados Unidos) y, dos años más tarde, completó una maestría. Carver empezó a trabajar en la propia universidad como profesor ayudante de botánica (fue tam-

---

1. Cuando en 1928 el rector del Simpson College de Indianola le entregó el doctorado *honoris causa* en Ciencias, expuso así los motivos: «Cuando pienso en las dificultades que tuvo que arrostrar, sus logros me dejan simplemente perplejo. Su ánimo y su carácter son aún más formidables que sus excepcionales triunfos».

Fig. 3: Operarias trabajando en una de las primeras cadenas de envasado de mantequilla de cacahuete.

bién el primer profesor negro), bajo la protección del profesor James Wilson, posteriormente ministro de Agricultura de los presidentes McKinley, Roosevelt y Taft. Por eso, cuando en 1897 el estado de Alabama promulgó una ley destinada a promover una escuela agrícola y un centro de investigación para personas negras en el Instituto Tuskegee, George Washington Carver contaba ya con la preparación necesaria. El rector de Tuskegee lo invitó por carta no solo a formar parte del cuerpo docente de la escuela de agricultura, sino a dirigir el plan de estudios, a lo que Carver respondió orgulloso:

> Mi gran sueño fue siempre hacer el mayor bien posible al mayor número posible de personas de mi pueblo, y para ello he estado preparándome durante todos estos años, con la convicción de que el sistema educativo es la llave que abre la puerta de oro de la libertad de nuestro pueblo.

Carver se quedaría en Tuskegee los cuarenta y siete años siguientes, hasta su muerte en 1943. De ese periodo datan sus numerosas actividades para promover la instrucción de los antiguos esclavos, que desde que eran libres se habían convertido, en su mayoría, en agricultores del sur pobres. Carver concibió una cátedra itinerante con la que él y otros conferenciantes de Tuskegee, utilizando un carro tirado por caballos, acudían a las granjas para enseñarles a los agricultores, tanto blancos como negros, qué innovaciones adoptar y qué errores evitar al cultivar la tierra.

Entre estos errores, el más peligroso según Carver era el monocultivo de algodón (¡cuánta previsión, si pensamos en los problemas que supone el actual predominio de los monocultivos!): los suelos se agotaban, las cosechas disminuían y, sobre todo, los agricultores se empobrecían. Carver desarrolló y comenzó a difundir un sistema de rotación propio en el que el cacahuete se alternaba con el algodón. La idea se hizo tan popular que en un momento dado incluso pareció que iba a morir de éxito. Siguiendo las indicaciones de Carver, los agricultores empezaron a alternar el algodón con el cacahuete y se quedaron estupefactos al ver los enormes rendimientos que podían obtener. Sin embargo, a pesar de que la mayor parte del cacahuete se destinaba a alimentar al ganado, enseguida se acumularon enormes excedentes que se pudrían en los almacenes.

Carver comenzó a discurrir usos alternativos para los cacahuetes que, cabe recordar, en aquella época todavía no se utilizaban para el consumo humano. El genio de Carver no tardó en idear más de trescientos posibles usos para esos excedentes. Entre estos, y a título tan solo de muestra de la excepcional creatividad de Carver, figuraba el uso de derivados del cacahuete para producir adhesivos, brillantina, lejía, salsa de chile, briquetas combustibles (o biocombustible, que diríamos hoy), tinta, café soluble, crema facial, champú, jabón, linóleo, mayonesa, abrillantador de metal, papel, plástico, crema de afeitar, betún, caucho sintético, material de pavimentación, polvos de talco y quitamanchas para madera, así como para elaborar productos alimentarios como la mantequilla de cacahuete, la leche, el queso y el aceite de cacahuete, que cambiarían para siempre los hábitos alimentarios (y la economía agrícola) de los estadounidenses. Y no se limitó a los cacahuetes, ya que al parecer los agricultores también tenían problemas para dar salida a otros cultivos: Carver propuso cientos de usos alternativos para las batatas, la soja y las nueces.

Su activismo no conocía límites. En paralelo a su actividad investigadora, publicó varios prontuarios sobre el uso de los tomates –que por aquel entonces en Estados Unidos todavía no se consideraban comestibles–, las batatas y los cacahuetes que marcaron la historia de la agricultura estadounidense. Los títulos de estas publicaciones (*Cómo cultivar tomates y 115 formas de prepararlos para la mesa*, *Cómo cultivar cacahuetes y 105 formas de prepararlos para el consumo humano*, *Cómo el agricultor puede conservar las batatas y maneras de prepararlas para la mesa*) dan fe de la importancia que daba Carver a que los resultados de la investigación no se quedaran en el laboratorio, sino que se difundieran entre los agricultores mediante una eficaz labor divulgativa.

Gracias al ingenio y al trabajo de George W. Carver durante la Gran Depresión, el valor de los cacahuetes, que apenas unos años antes era prácticamente nulo, alcanzó niveles insospechados: un mercado que a los agricultores sureños les rentaba más de 250 millones de dólares. Solo el aceite de cacahuete facturaba 60 millones de dólares, y la mantequilla de cacahuete se convirtió en pocos años en alimento nacional.

Pero lo más extraordinario y, por así decir, edificante de la historia de Carver es que su enorme contribución a la riqueza del país nunca le reportó ni un solo dólar a su propio bolsillo. George W. Carver vivió siempre de manera muy austera e invirtió la mayor parte de su salario –su única fuente de ingresos– en una fundación que él mismo había creado con el fin de fomentar la investigación en agricultura. De sus más de quinientos inventos relacionados con la utilización de derivados agrícolas, solo patentó tres relativos al uso de cosméticos derivados del cacahuete, y a quienes le recordaban los enormes beneficios que podría haber obtenido les decía simplemente: «Dios no nos pasó la factura cuando creó los cacahuetes, ¿por qué debería yo lucrarme con sus derivados?».

Thomas Alva Edison, cuya puntillosidad en lo tocante a la protección de sus invenciones era proverbial, intentó por todos los medios procurarse los servicios de Carver. «Ese hombre vale una fortuna», decía, y le ofreció sumas faraónicas para que trabajase con él, pero Carver siempre se negó.

Fig. 4: George W. Carver trabajando en su laboratorio.

George Washington Carver fue sin duda una de las personalidades más destacadas de Estados Unidos entre finales del siglo XIX y principios del XX, y posiblemente la persona negra más famosa de su época. Henry Ford dijo de él: «El profesor Carver ha ocupado el puesto de Thomas Edison como mayor científico estadounidense vivo». Y el senador Champ Clark lo definió como «uno de los científicos más importantes del mundo de todos los tiempos».

Tras la muerte de Carver el 5 de enero de 1943, el Congreso aprobó, a iniciativa del presidente Franklin D. Roosevelt, que su lugar de nacimiento fuera declarado monumento nacional, un honor que con anterioridad solo se les había concedido a George Washington y Abraham Lincoln. En 1977, Carver ingresó en el Salón de la Fama de Nueva York. Para conmemorar su vida y sus revolucionarios inventos en materia agrícola, el 5 de enero se celebra todos los años el Día Conmemorativo de George Washington Carver.

Fig. 5: Nikolái Ivánovich Vavílov (1887-1943).

II

El supergrano soviético

Nikolái Ivánovich Vavílov y su sueño de poner fin al hambre en Rusia

Nikolái Ivánovich Vavílov nació en el seno de una rica familia de comerciantes moscovitas el 25 de noviembre de 1887. Su padre, Iván, era un campesino muy pobre que, gracias a su espléndida voz, a los diez años había sido enviado a Moscú desde una remota aldea de la interminable estepa rusa para cantar en el coro de una iglesia. Así empezó la fortuna de la familia Vavílov. En Moscú, y pese a no tener ningún tipo de formación, Iván había utilizado sus habilidades innatas para enriquecerse como copropietario y director de una de las mayores empresas textiles del país. Sus dos hijos, a pesar de las aspiraciones paternas de que se integrasen en el negocio familiar, acabarían convirtiéndose en científicos famosos. Nikolái, el mayor, fue uno de los padres fundadores de la genética vegetal; Serguéi, un físico eminente, ocupó durante seis años el puesto de presidente de la Academia de Ciencias de la Unión Soviética y fue codescubridor de la radiación de Vavílov-Cherenkov, por la que Pável Cherenkov recibió el Premio Nobel de Física en 1958, siete años después de la muerte de Serguéi.

Nikolái Vavílov inició su carrera científica en 1906, cuando, tras diplomarse en una escuela de comercio, se matriculó en el Instituto Agrícola de Moscú, uno de los centros de educación superior con mayor renombre de toda Rusia. Desde los primeros años se distinguió por su talante enérgico y sus extraordinarias capacidades: en 1908 participó en un viaje de estudios al Cáucaso; en 1909 escribió un informe sobre la teoría darwiniana; y en 1910 se licenció con una tesina sobre la protección de las plantas de uso agrícola frente a los microbios. Ya en 1912, en un estudio pionero titulado *Genética y agronomía*, describió detalladamente un programa de trabajo destinado a aplicar la genética a la mejora de los cultivos. Esa sería la meta que durante toda la vida perseguiría tenazmente Vavílov. Tras su graduación, entre 1913 y 1914, completó su formación en el extranjero asistiendo a los mejores laboratorios de investigación europeos en Gran Bretaña (en Cambridge, en el laboratorio de William Bateson), Francia (en el Instituto Pasteur) y Alemania.

La relación con Bateson, uno de los padres de la incipiente ciencia genética (de hecho, fue él quien acuñó el término *genética*), fue fundamental para Nikolái Vavílov, ya que reforzó su convicción de que, mediante la aplicación de las leyes de la genética, era posible mejorar los cultivos con mucha mayor eficacia que mediante los sistemas tradicionales. Dada su formación como agrónomo, Vavílov comprendió enseguida el potencial que esa nueva ciencia tenía para revolucionar la agricultura.

Producir nuevas variedades de cultivos con caracteres excepcionales se convertiría en su meta en la vida. Fue más que una pasión: Vavílov tenía la certeza de que el destino de la Unión Soviética iba ligado al éxito de aquellos supercultivos. La Revolución rusa había dejado la agricultura en un estado de caos sin precedentes: el país que antaño había sido el granero de Europa ahora no era capaz siquiera de alimentarse a sí mismo.

El plan de Vavílov era sencillo y, a la vez, enormemente ambicioso: combinar, para cada uno de los cultivos más importantes, los caracteres más notables de las distintas variedades existentes en el mundo, con el fin de crear unas superplantas a partir de las cuales alimentar al país. Vavílov estaba convencido de que podía crear esas supervariedades ensamblando, como en una cadena de montaje, los caracteres más sobresalientes de cada planta. Imaginó árboles frutales resistentes a las enfermedades y un supertrigo que combinase el rendimiento de las variedades de los llanos con la resistencia al frío de las variedades de montaña. Se trataba de una empresa grandiosa que requería tiempo y dinero. Para empezar, las variedades con caracteres positivos no se encontraban todas disponibles en un mismo territorio, por lo que había que emprender una campaña de exploración con el fin de recolectar las plantas y almacenar sus semillas en Rusia.

Fig. 6: Nikolái Vavílov durante uno de sus viajes de exploración a Irán en busca de semillas de trigo.

Fig. 7: Campesinas rusas de una granja colectiva se dirigen al trabajo. Ocupan el lugar de los hombres, reclutados por el ejército soviético para combatir contra los rusos blancos.

En 1916, Vavílov viajó a Irán para averiguar por qué muchos soldados rusos destinados allí morían con síntomas de envenenamiento. Enseguida descubrió la causa al comprobar que el trigo utilizado para hacer pan estaba infectado con hongos del género *Fusarium*. Aprovechó la ocasión para explorar Irán y las montañas de Turkmenistán y Tayikistán, donde estudió las plantas que se cultivaban en aquellas regiones. A su regreso, se llevó consigo miles de muestras que formarían la base de su extraordinaria colección.

Entre 1920 y principios de los años treinta, Vavílov puso en marcha un programa de exploración para buscar plantas de cultivo. Organizó y a menudo dirigió personalmente, a caballo, ciento quince expediciones en sesenta y cuatro países (entre ellos, Afganistán, Irán, Taiwán, Corea, España, Argelia, Palestina,

Eritrea, Argentina, Bolivia, Perú, Brasil, México y, en Estados Unidos, California, Florida y Arizona), centrándose en «aquellas zonas donde la agricultura se practicase desde la antigüedad y en las que se hubieran originado civilizaciones autóctonas».

A partir de la experiencia acumulada en sus numerosas exploraciones, escribió el libro *Origen, variación, inmunidad y cruce de las plantas de cultivo*, donde expuso la teoría de los centros de origen de los cultivos. En 1926, amplió la teoría al afirmar que la región donde una especie cuenta con mayor diversidad es su centro de origen. Dichos centros estaban localizados en pequeñas zonas geográficas de distintos lugares del globo, sobre todo en las regiones montañosas de Asia y África, a lo largo de la costa mediterránea y en América Central y del Sur. Vavílov constató que aproximadamente un tercio de las especies cultivadas en todo el mundo eran originarias del sudeste de Asia, que los principales frutales provenían de Asia y del Mediterráneo, y que las raíces, los tubérculos y los frutos tropicales se concentraban sobre todo en América Central y los Andes.

De resultas de sus exploraciones, Vavílov reunió una colección inmensa compuesta por más de cincuenta mil variedades de plantas silvestres y treinta y una mil muestras de trigo en un enorme búnker subterráneo situado en su instituto de San Petersburgo. Vavílov guardaba semillas de cada planta que recogía. Sabía que una semilla es como una robusta cápsula de supervivencia que contiene no solo el embrión de la planta, sino también su alimento. Las semillas son la herramienta más refinada que quepa imaginar a efectos de preservar un patrimonio genético.

Vavílov resultó ser un precursor también en esto. Se dio cuenta de que, conservando las semillas, era posible preservar lo que en la actualidad llamamos la *biodiversidad vegetal*, y trasladó esta idea a la práctica creando el primer banco de semillas, un depósito colosal que todavía hoy sigue en funcionamiento. Siguiendo el ejemplo de Vavílov, en los años siguientes aparecerían bancos de germoplasma por todo el mundo. La colección de San Petersburgo (entonces Leningrado) no era más que el primer paso de un complejo y laborioso plan que había de desembocar en la creación de una generación de supercultivos.

Lenin puso toda su confianza en la visión de Vavílov para el futuro de la agricultura soviética y lo nombró director de los institutos de investigación agrícola más importantes del país. En poco tiempo, Vavílov ocupó varios cargos de gran prestigio: presidente de la Sociedad Geográfica de la Unión Soviética, director del Instituto Nacional de Genética, director del Instituto de la Industria de las Plantas y, finalmente, el cargo más prestigioso, presidente de la Academia Lenin de Ciencias Agrícolas. Por un lado, la responsabilidad que recaía sobre los hombros de Vavílov era inmensa, pero por otro, por fin tenía la posibilidad real de llevar a la práctica su ambicioso programa de perfeccionamiento genético.

Hasta entonces, la creación de nuevas variedades de plantas con características útiles requería, literalmente, decenas, incluso cientos de años de trabajo; gracias a su comprensión de las leyes de la genética, Vavílov sabía que se podía ir mucho más rápido, pero también que hasta las predicciones más optimistas iban a exigir un enorme esfuerzo. Sea como fuere, el factor tiempo era decisivo. El pueblo se moría de hambre; había que actuar con celeridad.

El trabajo se volvió frenético: exploraciones constantes, estudio de las características de las plantas recolectadas, creación de una red de centros experimentales por toda la Unión Soviética donde ensayar el rendimiento de las nuevas variedades... Y todo en muy pocos años. Sus colaboradores decían que una de sus frases favoritas era: «La vida es breve, hay que darse prisa». Y no sabía cuánta razón tenía.

A partir de 1929, la Unión Soviética quedó bajo el yugo de Iósif Stalin, un hombre sin conocimientos científicos y sin ninguna simpatía por Vavílov. Por sugerencia de su pseudocientífico de la corte, el agrónomo Trofim Lysenko, Stalin insistió en que la Unión Soviética necesitaba con urgencia nuevas técnicas para aumentar la producción agrícola y que no podía esperar a los plazos de Vavílov. A Stalin le habían dicho que los genes no existían y que lo único que importaba era el entorno en el que crecía la planta, una idea mucho más acorde con la ideología marxista, para la que los orígenes no tienen la menor importancia. En poco tiempo, la genética quedó rebajada a invento de la «propaganda burguesa occidental». Muchos destacados genetistas soviéticos empezaron a desaparecer.

Al mismo tiempo, una serie de cosechas desastrosas puso de rodillas a la Unión Soviética. Stalin buscó un chivo expiatorio, y Lysenko y sus colaboradores, envidiosos de los logros científicos de Vavílov, se aprestaron a denunciarlo. En marzo de 1939, durante una recepción en el Kremlin, Lysenko les dijo claramente a Stalin y a Beria que Vavílov representaba un obstáculo para su trabajo en beneficio de la economía socialista y les pidió que sacasen las conclusiones oportunas. El destino de Vavílov quedó sellado. El 10 de agosto de 1940, mientras buscaba nuevas plantas en las montañas de Ucrania, fue detenido por agentes de la policía secreta de Stalin, el NKVD. En los días siguientes, sus colaboradores más cercanos (Karpechenko, Levitski, Góvorov y Kovalev) corrieron la misma suerte.

Tras once meses de investigación, durante los cuales fue sometido a más de mil setecientas horas de brutales interrogatorios (más de cuatrocientas sesiones, algunas de más de trece horas de duración), Vavílov fue juzgado por el Colegio Militar del Tribunal Supremo en julio de 1941. El proceso duró apenas unos minutos y lo condenaron a pena de muerte por «pertenencia a una conspiración derechista; espionaje a favor de Inglaterra; sabotaje agrícola; trato con rusos blancos emigrados». Posteriormente, la pena de muerte le fue conmutada por diez años de prisión, pero las condiciones en la cárcel de Sarátov eran insoportables: además de estar desnutrido, durante un año Vavílov no pudo salir de su minúscula celda, ni lavarse, ni ir al baño.

Mientras Vavílov estaba en la cárcel debatiéndose entre la vida y la muerte, su logro más importante, el banco de semillas, empezaba a correr grave peligro. En 1941, las tropas nazis, en el marco de la Operación Barbarroja, sitiaron la ciudad de Leningrado. La enorme colección de semillas habría sido un valioso botín, tanto para los genetistas nazis como Heinz Brücher

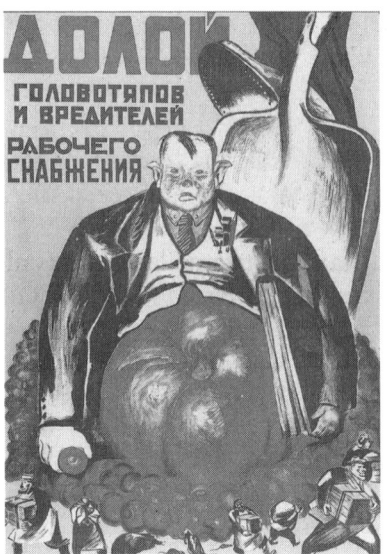

Fig. 8: Cartel en el que se incita a combatir la especulación con los productos agrícolas.

Fig. 9: Propaganda del régimen soviético: «¡Venid a los koljoses!».

como para la población, hambrienta por el prolongado asedio. Antes de que llegasen las tropas alemanas, Stalin había ordenado evacuar las grandes colecciones del Hermitage, alojadas en el Palacio de Invierno, y todo cuanto hubiera en Leningrado que se considerase de valor para la Unión Soviética. Sin embargo, entre las colecciones que debían protegerse, Stalin no había incluido el banco de semillas de Vavílov, tachado de simple capricho de la «ciencia burguesa».

Stalin no comprendía el valor de las semillas, pero los alemanes sí. El problema de la autosuficiencia alimentaria atormentaba a la Alemania nazi, y la colección de Vavílov representaba un botín de guerra crucial. Antes de la invasión, los científicos de la Sociedad Káiser Guillermo (predecesora del actual Instituto Max Planck) habían planificado cuidadosamente la ocupación de los centros de investigación rusos; así, mientras los soldados avanzaban hacia territorio soviético, los botánicos les seguían de cerca. A principios de 1943, los científicos alemanes saquearon unos doscientos centros de investigación de Rusia y Ucrania y trasladaron sus colecciones a Alemania. Sin embargo, nunca llegaron a la colección principal de Vavílov, que, gracias al heroico comportamiento de los científicos que trabajaban allí, permaneció a salvo tras los muros del instituto durante los novecientos días que duró el asedio a Leningrado.

En ese momento, el Instituto de la Industria de las Plantas almacenaba las semillas de unas doscientas mil variedades distintas, muchas de ellas comestibles, pero nadie tocó jamás una sola semilla. Nueve de los investigadores del Instituto Vavílov (rebautizado así en 1956 tras la rehabilitación de su fundador) prefirieron morir de hambre a comerse las preciadas semillas que estaban bajo su custodia y que habían de servir (de eso estaban firmemente convencidos) para producir nuevas plantas con las que alimentar al mundo cuando la furia destructora de los nazis fuera inevitablemente derrotada.

Por otro lado, tampoco había posibilidad de hacer trampas, ya que los controles eran muy estrictos: ningún empleado podía estar solo en las salas de las semillas, las llaves se guardaban en una caja fuerte a cargo de uno de los responsables del instituto y, una vez a la semana, se comprobaba el estado de todas las cajas que contenían las semillas. Pero es que, además, según explicaron los dos únicos supervivientes, a través de quienes conocemos esta historia de heroísmo, a nadie se le habría ocurrido tocarlas.

El primero en morir de hambre delante de su escritorio, en enero de 1942, fue Aleksánder Stchukin, experto en cacahuetes. Le siguieron el técnico en plantas medicinales Georgui Kriyer, el jefe de la Colección de Arroz, Dimitri Ivánov, y, posteriormente, Lilia Rodina, M. Steheglov, G. Kovaleski, N. Leontevski, A. Maligina y A. Korzum. Cuando Leningrado fue liberada al fin del asedio nazi el 18 de enero de 1944, la mayor parte de la colección había sido transportada a un lugar seguro en los Urales, para lo cual había sido necesario recorrer a pie una larga y penosa ruta que pasaba por la superficie helada del lago Ládoga, conocido como el «camino de la vida».

Fig. 10: Espigas de diversas especies de trigo.

Las semillas se salvarían; Vavílov, no. El 26 de enero de 1943, después de meses de torturas, el hombre que había invertido todas sus energías y toda su pasión en acabar con el hambre en la Unión Soviética moría ignominiosamente de inanición en la cárcel estaliniana de Sarátov, donde fue sepultado en una fosa común. Con él moría también la gran escuela rusa de genética.

Fig. 11: Ephraim Wales Bull (1806-1895).

III

In vite veritas
Ephraim Wales Bull y la uva Concord

En Europa, tan orgullosamente vinculada a la tradición del vino elaborado con uvas de *Vitis vinifera*, no es muy sabido que Norteamérica fue (y sigue siendo) tierra de viñedos. No por nada, los vikingos, que exploraron sus costas hacia el año 1000, la llamaron Vineland. En 1621, Edward Winslow escribió que en Nueva Inglaterra «había vides de racimos blancos y rojos, muy dulces y fuertes». Crecían en tal cantidad que los primeros misioneros jesuitas que se asentaron en California, impresionados por la abundancia de las vides autóctonas, se plantearon utilizarlas para producir vino. Los resultados probablemente no fueron memorables, dado que pronto se «convirtieron» a la *Vitis vinifera* europea, seleccionando el famoso cultivar Mission –nombre muy apropiado–, que durante más de un siglo, desde mediados del XVII hasta 1860, cuando se introdujeron las primeras vides europeas en América del Norte, evangelizó el continente para difundir la vid europea, que se convirtió en la variedad más extendida de uva para vino.

El problema de las vides americanas autóctonas, como la *Vitis labrusca*, la *Vitis aestivalis* o la *Vitis rotundifolia*, radicaba en que estas especies eran mucho más adecuadas para producir uva de mesa que para elaborar vino. A pesar de ello, dado que entonces, como ahora, el mercado más interesante era el vinícola, fue en él donde los primeros viticultores americanos concentraron sus esfuerzos, con muy poco éxito. Las perspectivas de la viticultura estadounidense no parecían demasiado halagüeñas hasta que, a mediados del siglo XIX, haciendo gala de un notable sentido común, gran parte de los productores decidieron modificar sus viñedos para producir uva de mesa. Fue una decisión beneficiosa y prudente que debió gran parte de su éxito al cultivo de una nueva variedad: la Concord, una cepa de calidad excepcional que en muy pocos años se convirtió en la más importante de todo el continente. Esta variedad, y sobre todo su creador, Ephraim Wales Bull, son los protagonistas de las próximas páginas. Hijo primogénito del platero Epaphras Bull, Ephraim Wales Bull nació en Boston, Massachusetts, el 4 de marzo de 1806, concretamente en Milk Street, a un centenar de metros de la casa donde un siglo antes había nacido Benjamin Franklin. En aquella época, Milk Street (hoy en pleno centro de Boston) era una zona de casas con amplios jardines traseros, y en uno de ellos el joven Ephraim se aficionó a las plantas y experimentó con sus primeras vides. El muchacho enseguida demostró tener grandes dotes y obtuvo prestigiosos premios escolares. Al mismo tiempo, inició su aprendizaje como orfebre y se especializó en la producción de finísimas láminas de pan de oro. Pronto se convirtió en un artesano respetado y solicitado.

Por desgracia, el polvo inhalado durante este intenso periodo de actividad minó su salud, debilitando sus pulmones e impidiéndole continuar con el oficio de orfebre. Su estado, que al principio no parecía grave, empeoró rápidamente, lo que lo obligó a abandonar Boston y sus fríos vientos del norte para trasladarse a Concord, una pequeña población agrícola a unos treinta kilómetros al noroeste de la ciudad. Por lo visto, ese traslado forzoso no disgustó demasiado a Ephraim. Aunque ya no podía trabajar con metales preciosos, le quedaba su gran pasión por las plantas, que por fin podía dejar de ser una afición para convertirse en su ocupación principal. Así es como, a finales de 1836, encontramos a Ephraim felizmente instalado en una pequeña granja de una treintena de hectáreas en la cual desarrollar su pasión por el cultivo de la vid.

El que esta historia se desarrolle en Concord no es en absoluto baladí. De hecho, si Bull no se hubiera trasladado a este pequeño pueblo, muy probablemente no tendríamos historia alguna que contar. O a lo mejor sí, quién sabe. Sea como fuere, en aquella época Concord no era ni mucho menos un villorrio desconocido; por una serie de extraordinarias coincidencias, aquella pequeña localidad de Massachusetts había sido el escenario de numerosos acontecimientos fundamentales para la historia y la literatura de Estados Unidos. La guerra de Independencia había comenzado allí en 1775; décadas más tarde, en torno a la figura del escritor y filósofo Ralph Waldo Emerson, había surgido el movimiento poético y filosófico del trascendentalismo norteamericano, del que formaron parte intelectuales como la familia Alcott y Henry David Thoreau. Nathaniel Hawthorne también residía en Concord, en una casa contigua a la granja de Ephraim Bull. Esta cercanía, sumada a la peculiar personalidad de ambos vecinos y su pasión compartida por el vino –aunque más bien como consumidor en lo que respecta a Hawthorne–, estaba destinada a derivar en una sólida amistad. Así describe Julian Hawthorne, hijo de Nathaniel, a Ephraim en su obra *Hawthorne and His Circle (Hawthorne y su círculo)*:

> Ephraim Wales Bull, el inventor de la uva Concord, no era menos excéntrico que su nombre. Hombre franco y noble, mi padre le había tomado un gran aprecio, sentimiento que era correspondido. Era fornido y de baja estatura, con los brazos largos, la cabeza grande cubierta de una espesa cabellera y una barba enmarañada tras la cual asomaban un par de ojos singularmente luminosos y penetrantes. Además de un cerebro despierto, poseía unas manos fuertes y habilidosas; él solo se ocupaba de tres cuartas partes de las tareas de su viñedo, dispensando a cada cepa su particular cuidado. [...] Con frecuencia venía de visita y se sentaba con mi padre en el pabellón del jardín, donde departían de política, de sociología (aunque probablemente no la llamasen así), de moral y de la naturaleza humana, con alguna que otra lección sobre el cultivo de la vid.

Gracias a su nueva granja y al apasionante ambiente cultural de Concord, el interés de Ephraim Bull por la vid pudo resurgir con todo su vigor. Con la energía de su renovada pasión, Ephraim se lanzó a experimentar constantemente para mejorar la calidad de sus uvas. Pero desde luego Massachusetts no era el mejor lugar para el cultivo de la vid, y sus esfuerzos se vieron frustrados por el rígido clima de Concord, que impedía que las uvas madurasen de manera adecuada. Sin embargo, Ephraim Bull no se desanimó y, hacia 1841, emprendió su batalla personal para crear una variedad de vid americana capaz de madurar tempranamente, antes de la llegada del frío otoñal. Por una afortunada coincidencia, unos años antes, en 1835, en Bélgica, Jean-Baptiste van Mons (1765-1842), químico, botánico, arboricultor y profesor de química y agronomía en Lovaina, había publicado en su tratado *Arbres fruitiers* los resultados del primer programa conocido de selección de nuevas variedades (en este caso, de perales) mediante ciclos de propagación de semillas. Así describía Van Mons el secreto para lograr unos resultados que hasta entonces se consideraban imposibles:

> He descubierto el arte consistente en generar por línea directa de descendencia, y con la mayor celeridad posible, una variedad mejorada, cuidando de que no se den intervalos entre generaciones. Sembrar, resembrar, volver a sembrar, sembrar continuamente, en definitiva, no hacer otra cosa que sembrar, esta es la práctica que hay que seguir y de la que no debemos apartarnos; y, en definitiva, tal es el secreto del arte que he empleado.

Resuelto a seguir los pasos de Van Mons, nuestro Ephraim recorrió de arriba abajo el estado de Massachusetts en busca de vides silvestres que presentasen algunos de los caracteres que buscaba, con el objeto de propagar las semillas de las más prometedoras y controlar su descendencia. En el transcurso de una de esas exploraciones, al pie de una colina no muy lejos de su granja, descubrió una planta solitaria que parecía reunir muchos de los caracteres deseados y que se convertiría en la progenitora de la uva Concord. Se trataba de una planta de vid americana, una *Vitis labrusca*, que, además de ser buena productora, poseía esa precocidad tan deseada. La planta, de hecho, parecía capaz de dar racimos maduros para la tercera década de agosto:

> Lo primero que había que hacer era encontrar la cepa mejor y más temprana para utilizar sus semillas, y por fortuna la encontré al pie de la colina. La producción era abundante y de muy buena calidad, tratándose de una vid silvestre.

Bull pensó, con acierto, que la siguiente generación podía dar resultados aún mejores, de modo que trasplantó esa *Vitis labrusca* a su finca, donde muy probablemente fue polinizada de manera natural por las otras vides presentes en la propiedad:

Fig. 12: Retrato de Ephraim Wales Bull, ya anciano, en su viñedo.

Sembré las semillas en otoño de 1843. De los plantones que nacieron, el de Concord fue el único que merecía salvarse.

Después de tres generaciones haciendo selección, finalmente en 1848 Ephraim Bull pudo mostrar su creación al mundo. Al principio, dio a probar las uvas a sus vecinos y conciudadanos. Los resultados fueron excelentes. Todos los amigos a los que regalaba aquellos hermosos racimos maduros coincidían en que era la mejor uva que habían probado nunca.

He aquí la minuciosa descripción que Ephraim Bull hacía de su uva:

> Los racimos son agradablemente compactos y en ocasiones pesan hasta una libra; el grano es grande, a menudo de una pulgada de diámetro, negro con tonos rojizos, cubierto por una densa capa cerosa y azulada de pruina, la piel es muy fina, el jugo abundante y el olor dulce y aromático. Tiene muy poca pulpa. El tronco es resistente y las hojas anchas, densas, con fuertes nervaduras y algo de pelusa por el lado del envés. No se oxidan ni se enmohecen. Alcanza el punto de maduración el 10 de septiembre.

Fig. 13: La modesta casa de Ephraim Wales Bull en Concord.

En los cinco años siguientes, la fama de esta uva sabrosa y resistente al clima se extendió por todo Estados Unidos. En 1853, la uva Concord hizo su entrada oficial en sociedad en Boston, con ocasión de una reunión de la Sociedad de Horticultura de Massachusetts. Las uvas que Ephraim Bull envió a la exposición tenían unos granos tan enormes para los estándares americanos que los responsables de los puestos no las identificaron como uvas y las expusieron por error en la sección de hortalizas. Una vez resuelta la confusión, las uvas de Bull fueron todo un éxito. A la hora de dar su veredicto sobre la nueva variedad, los miembros de la Sociedad de Horticultura hicieron constar que «por fin contamos con una variedad de vid capaz de crecer y prosperar en Nueva Inglaterra, y más grande y mejor que ninguna otra».

Gracias a la creciente popularidad de la cepa y a su manifiesta superioridad con respecto a las variedades de uva que por entonces se cultivaban en Estados Unidos, la demanda de nuevos plantones aumentó de manera vertiginosa. Para hacer frente al aumento de la demanda, Ephraim Bull se asoció con una empresa de Boston para producir y comercializar los plantones, convencido de que iba en camino de convertirse en un rico terrateniente. ¿Cómo echárselo en cara? En todo el país no se hablaba de otra cosa que de esa nueva y milagrosa variedad de uva; la incipiente industria alimentaria estadounidense demandaba cantidades cada vez mayores de uva Concord; cualquiera que poseyera un trozo de tierra quería cultivar en él alguna de las excepcionales plantas de Ephraim. Además, las primeras cuentas de su nuevo negocio parecían darle la razón: en el primer año de ventas, a cinco dólares el plantón, ganó 3.200 dólares, una suma considerable para la época. Todo parecía ir por buen camino, cuando sucedió algo imprevisto: a pesar de que la uva Concord era cada vez más famosa, las ventas empezaron a caer, al principio despacio, y después tan rápido que en un par de años se desplomaron prácticamente hasta cero. ¿Qué había ocurrido? Muy sencillo: en aquellos tiempos no existía protección para quienes creaban nuevas variedades botánicas (en Estados Unidos, la posibilidad de patentar plantas no entró en vigor hasta 1930). Por tanto, numerosos viveristas, oliéndose que allí había negocio, habían empezado a producir literalmente millones de nuevas plantas de uva Concord, sin que su creador viera ni un centavo por ello.

Al no haber legislación que protegiera a los creadores de nuevas variedades, Bull no pudo hacer nada para defenderse. Ver cómo se esfuma ante tus ojos la posibilidad real de amasar una fortuna debe de ser algo que le agria el carácter a cualquiera. O por lo menos eso fue lo que le ocurrió a Ephraim. A partir de entonces, se volvió desconfiado y adoptó un estilo de vida, digamos, solitario.

Puede que Ephraim no se hiciera rico, pero sí famoso, tanto es así que decidió aprovechar su notoriedad para hacer carrera en la política. Sin demasiados problemas, consiguió salir elegido para la Cámara de Representantes y lo nombraron presidente de la Comisión de Agricultura de Massachusetts. Pero la vida política, entonces como ahora, no parecía avenirse con un amante de las plantas. Al poco tiempo, Ephraim perdió el interés y retomó su antigua pasión: la selección de nuevas variedades de vid. A lo largo de los años siguientes, Ephraim Bull seleccionó veintidós variedades extraordinarias de vid sobre las que hubo mucha especulación, ya que no permitía que nadie las utilizase. Después de su experiencia con la uva Concord, Ephraim se volvió un guardián celoso de sus plantas. Hoy quizá utilizaríamos el término *paranoico* para describir su

Fig. 14: Louisa May Alcott.   Fig. 15: Ralph Waldo Emerson.

comportamiento. La cuestión es que, a pesar de las peticiones, las visitas, las presiones y los halagos, todos los pretextos destinados a ver de cerca esas maravillosas nuevas variedades fracasaron. Ya nadie podía acercarse a sus plantas.

A pesar de los problemas de salud de su juventud, Ephraim Bull vivió una larga vida. A los ochenta y cinco años, todavía se lo podía ver cuidando personalmente sus viñedos. Su carácter, sin embargo, había cambiado mucho: hosco, melancólico y lleno de rencor hacia los viveristas. A quienes le preguntaban por qué no propagaba el resto de las variedades de uva que había creado a lo largo de los años, les respondía irritado: «Los viveristas son todos unos ladrones, acabarían robándomelas también». En otoño de 1893, Ephraim se cayó de la escalera a la que se había subido para podar unas viñas y, a partir de entonces, necesitó cuidados constantes. Solo y pobre, ingresó en el asilo de ancianos de Concord, del que ya nunca quiso moverse. En 1894, la revista *Meehans' Monthly* celebraba así a Ephraim Bull y su obra:

Fig. 16: Nathaniel Hawthorne.   Fig. 17: Henry David Thoreau.

Piensen lo que sería nuestra sociedad sin esta fruta exquisita. Justo es decir que seríamos varios miles de dólares al año más pobres. Por tanto, lo que Bull ha hecho por este país merece los mismos elogios que Colt o Singer. Tomó una uva ordinaria que cualquier campesino, considerándola de nula calidad, habría dejado para los pájaros. Dedicó años a mejorarla mediante una larga y extenuante labor de selección, hasta que nos regaló un alimento delicioso, barato y saludable que, siglos después de que esta generación haya desaparecido, seguirá alimentando y haciendo las delicias de millones de personas.

Ephraim Bull falleció en 1895. Está enterrado en el cementerio de Sleepy Hollow, tan cerca en muerte como en vida de sus queridos poetas y escritores Emerson, Thoreau y Hawthorne.

Él mismo escribió el epitafio que aparece grabado en su lápida:

EPHRAIM WALLES BULL 1806-1895
Él sembró
Otros recogieron

Fig. 18: Leonardo da Vinci (1452-1519).

IV

Los secretos de la filotaxis
Leonardo y la botánica

En la naturaleza no hay efecto sin causa; si se
comprende la causa, no hay necesidad de ex-
perimentación.

LEONARDO DA VINCI

Nadie en la historia ha sido más merecedor del título de genio universal que Leonardo da Vinci. Pintor, escultor, arquitecto, ingenie-
ro, músico, escenógrafo, físico... Allá donde se posaba su genio, los
resultados –tanto por la calidad de sus logros como por sus intuiciones científicas– eran tan extraordinarios que, vistos con ojos de
hoy, parecen casi inverosímiles.

Leonardo comenzó su formación hacia los quince años, en el
taller del pintor, escultor y orfebre florentino Andrea del Verroc-
chio. En aquella época, el saber científico seguía siendo el propio de
la Edad Media: un conjunto de conocimientos transmitidos desde
Aristóteles y otros filósofos de la antigüedad entreverados con la
doctrina cristiana. Una época, además, en la que la experimenta-
ción científica y cualquier tentativa de alterar el orden aristotélico
eran vistas como actos esencialmente subversivos. Como es obvio,
este estado de cosas no podía satisfacer a Leonardo, que, orgullosamente autodidacta, estudiaba por su cuenta, sin los prejuicios típicos de su tiempo, los numerosos fenómenos naturales que a cada
momento llamaban su atención. Esa curiosidad ilimitada fue también la causa de su proverbial inconstancia: en cuanto comprendía
un problema, se desinteresaba de él por completo y centraba su
atención en otro asunto.

La convicción de que la experiencia directa es fundamental para el estudio de la ciencia era uno de los pilares del proceder de Leonardo, quien decía de sí mismo:

> Soy plenamente consciente de que, al no ser un hombre de letras, ciertas personas presuntuosas pueden pensar que tienen motivos para reprochar mi falta de conocimientos. ¡Necios! ¿Acaso no saben que puedo contestarles con las palabras que Mario dijo a los patricios romanos? «Aquellos que se engalanan con las obras ajenas nunca me permitirán usar las propias». [...] No se dan cuenta de que la exposición de mis temas exige experiencia más bien que palabras ajenas.

Comprendió que a través de la observación empírica y el razonamiento era posible obtener por fin un método a partir del cual estudiar las causas últimas de los fenómenos. Un siglo antes de Galileo, escribía Leonardo:

> Antes de seguir adelante, haré algún experimento, pues mi intención es aducir primeramente la experiencia y después, con la razón, demostrar por qué tal experiencia estaba obligada a operar de esa manera; y esta es la verdadera regla por la cual deben proceder quienes especulan sobre los efectos de la naturaleza.[1]

Su uso escrupuloso del método experimental le permitió alcanzar, en las numerosas disciplinas que suscitaban su interés, importantes resultados adelantados en varios siglos a su tiempo. No debe sorprendernos demasiado, pues, que Leonardo tuviera extraordinarias intuiciones también en materia de botánica, terreno en el que identificó muchas de las leyes fundamentales que rigen la vida de las plantas. El hecho de que el mérito de muchos descubrimientos suyos haya recaído en científicos muy posteriores a él es una constante en la vida de Leonardo, pero ello no resta fuerza a sus observaciones iniciales.

Sus notas sobre botánica se hallan dispersas por distintos códices. En el gran *Tratado de pintura*, la célebre antología de los escritos de Leonardo recopilada por su alumno Francesco Melzi, dedica a la

---

1. Ms. E, fol. 55r.

Fig. 19: Leonardo da Vinci, *Estudio de una rama de arándano con hojas y bayas* (*c.* 1506-1508).

botánica un libro entero titulado «De los árboles y la vegetación». La cantidad y la calidad de los apuntes dedicados a las plantas, junto con la particular disposición de algunas de las láminas, ha hecho pensar que en los últimos años de su vida Leonardo pudo escribir, o al menos proyectar, un verdadero tratado donde se plasmasen todos sus conocimientos acerca del crecimiento de las plantas.

En la época de Leonardo, la botánica era una ciencia que debía gran parte de su contenido al estudio de los autores antiguos. Aristóteles y, sobre todo, Teofrasto, el «padre de la botánica», eran los maestros de la botánica descriptiva, como lo fueron más tarde Plinio el Viejo o su contemporáneo Dioscórides, autor del famoso *De materia medica*, que contiene referencias a más de seiscientas especies vegetales y que fue hasta el Renacimiento la única autoridad reconocida en cuanto a la descripción de plantas para uso alimentario, aromático o medicinal. Durante milenios, ninguna medicina se consideraba admisible a menos que apareciera mencionada en el *De materia medica*. Así era, en definitiva, la botánica de los tiempos de Leonardo: una disciplina esencialmente descriptiva que se remontaba a unas observaciones llevadas a cabo más de un milenio antes y en la que las plantas se estudiaban ante todo por su valor alimentario o medicinal.

En medio de este panorama, Leonardo descuella como un gigante. Fijémonos, por ejemplo, en su descripción de lo que hoy denominamos filotaxis (del griego *phýllon*, «hoja», y *táksis*, «disposición»), la ciencia que estudia la disposición de las hojas. Un siglo antes que Andrea Cesalpino (*De plantis libri*, 1583) y de las descripciones de Marcello Malpighi y Nehemiah Grew, y más de dos siglos antes que el botánico suizo Charles Bonnet (*Recherches sur l'usage des feuilles dans les plantes [Investigación sobre el uso de las hojas en las plantas]*, 1754), universalmente reconocido como el verdadero fundador de las leyes de la filotaxis, Leonardo ya se había ocupado a fondo de la disposición de hojas en el tallo. En el *Tratado de pintura* encontramos los siguientes pasajes referentes a la filotaxis:

> La naturaleza ha dispuesto las hojas de las últimas ramas de muchas plantas de tal modo que la sexta hoja se halla siempre encima de la primera, y así sucesivamente, si nada interfiere con la regla, y esto le resulta útil a la planta.
> [...]
> La hoja siempre vuelve el haz al cielo para que su superficie reciba mejor el rocío que desciende lentamente por el aire, y las hojas se distribuyen de tal modo por la planta que una cubre a la otra lo menos posible, alternándose entre ellas como hace la hiedra que recubre las paredes, y este alternarse cumple dos fines, a saber: dejar espacio libre para que el aire y el sol puedan penetrar entre ellas.
> [...]
> Véanse las ramas inferiores del saúco, donde las hojas nacen de dos en dos cruzándose unas encima de las otras. Y aun cuando el tallo se alce hasta el cielo, este orden nunca falla, y las hojas de mayor tamaño

se encuentran en la parte más gruesa del tallo, y las más pequeñas en la parte más fina, es decir, en lo alto de la copa.

[...]

Igual que las ramificaciones de las plantas nacen de las ramas principales, así nacen también las hojas en los ramúsculos del mismo año que esas hojas, las cuales crecen unas encima de las otras de cuatro maneras. La primera y más universal es que la sexta de arriba nazca siempre encima de la sexta de abajo; la segunda es que las dos terceras de arriba estén encima de las dos terceras de abajo; la tercera es que la tercera de arriba esté encima de la tercera de abajo; y la cuarta es la del abeto, que forma hileras.

[...]

Las ramificaciones de los árboles nacen todas de la sexta hoja superior que se halla encima de la sexta inferior. Lo mismo ocurre en la vid, la caña y el endrino. También en las moras y similares, salvo la clemátide y el jazmín, que tienen las hojas unas sobre otras, atravesadas.

Las consideraciones anteriores demuestran que Leonardo tenía claro el concepto de disposición filotáctica y, de hecho, describe las disposiciones que hoy conocemos con las fórmulas filotácticas $1/2$, $1/3$ y $2/5$, además de la decusación de los verticilos en las hojas opuestas ($1/2$).

Más sorprendente aún, si cabe, es que Leonardo no se limitase a describir el fenómeno, sino que además proporcionase una explicación funcional de este. Se percató de que la disposición de las hojas «cumple dos fines, a saber: dejar espacio libre para que el aire y el sol puedan penetrar entre ellas», y lo hizo siglos antes que Julius von Wiesner (1838-1916), quien en 1875 dio la primera explicación evolutiva de este fenómeno y planteó la hipótesis de que la filotaxis optimiza la absorción de la luz por parte de la planta, ya que la disposición en espiral permite que las hojas no se hagan sombra unas a otras.

Siglos antes que Edme Mariotte,[1] quien en 1679 demostró experimentalmente que las hojas absorbían agua, Leonardo observó el

---

1. E. Mariotte, *Premier essai de la végétation des plantes*, París, Estienne Michallet, 1679.

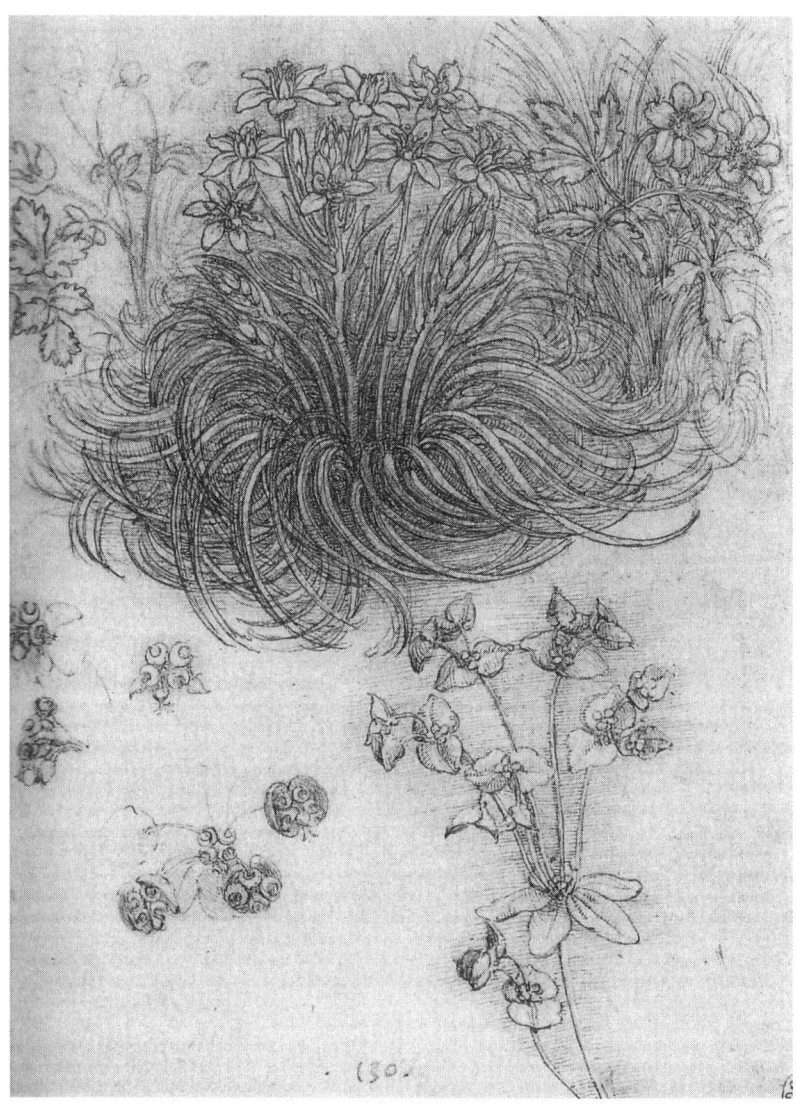

Fig. 20: Leonardo da Vinci, *Estrella de Belén y anémona de bosque sobre dos especies de euforbia* (c. 1506-1508).

mismo fenómeno en la naturaleza y, por increíble que parezca, llevó a cabo un experimento para demostrar su teoría. He aquí la descripción de los resultados que obtuvo:

Los haces de las hojas se vuelven hacia el cielo para recibir el alimento del rocío nocturno. El sol da ánimo y vida a las plantas, y el suelo, con su humedad, las nutre. Con respecto a esto hice la prueba de dejar solamente una parte mínima de raíz en una calabaza, que alimenté con agua, y la calabaza produjo a la perfección todos los frutos de los que fue capaz, que fueron unas cincuenta calabazas de las largas. Y tras prestar escrupulosa atención, vi que el rocío nocturno era el que con su humedad penetraba abundante por el pedúnculo de las grandes hojas para nutrir la planta y sus hijuelos, o los gérmenes que habían de dar lugar a esos hijuelos.

Cuando pasamos revista a los principales descubrimientos botánicos de Leonardo, no podemos olvidar que él fue el primero en observar que la edad de los árboles es igual al número de círculos concéntricos que resultan del crecimiento secundario del tallo. Este principio, hoy universalmente conocido, se ignoraba en la antigüedad. Fijémonos en este extraordinario pasaje:

La parte de las plantas que mira al sur revela mayor vigor y juventud que la que mira al norte. Los círculos que dejan las ramas de los árboles talados nos muestran el número de sus años, y sabemos cuáles fueron más húmedos y cuáles más secos en función de su mayor o menor grosor. Revelan también hacia dónde estaban encarados, y como son más gruesos por el lado norte que por el lado sur, el centro del árbol está también más cerca de la corteza que mira al sur que de la que mira al norte.

En este breve párrafo, Leonardo descubrió no solo un sistema para calcular la edad de los árboles, sino también la llamada «excentricidad» del tronco, comúnmente atribuida a las observaciones que haría Malpighi más de ciento cincuenta años más tarde («*medulla non exacte centrum occupat, sed ut plunmum* [...] *proximior est cortici, versus meridiem, minuitur adaucta sensim lignea portione*»).[1] Por si fuera poco, también adivinó la influencia de las condiciones climáticas en la anchura de los anillos. En definitiva, una auténtica mina de información de la que nacerían disciplinas científicas enteras, como la dendrocronología, que se sirve de la información obtenida a partir de los anillos de la madera para reconstruir el clima de una región en un periodo histórico determinado, evaluar las características ecológicas y ambientales pasadas y presentes de una zona geográfica, determinar la autenticidad de una obra de arte o datar las estructuras de madera de los edificios antiguos.

Pero el descubrimiento botánico más importante que habría que atribuir a Leonardo es el del crecimiento secundario del tallo debido a la acción del cámbium. No caben dudas acerca de la interpretación de este pasaje:

> El aumento del grosor de las plantas es debido al jugo que se genera en el mes de abril entre la envoltura y el leño del árbol, momento en que dicha envoltura se convierte en corteza y en la corteza se forman nuevas hendiduras al fondo de las hendiduras ya existentes.

De la correcta interpretación del crecimiento secundario, Leonardo dedujo asimismo algunas aplicaciones prácticas y mencionó por primera vez la práctica del descortezado anular:

> Si le quitamos un anillo de corteza a un árbol, se secará desde el anillo para arriba y se mantendrá con vida desde allí para abajo, y si hacemos este anillo cuando hay mala luna y cortamos luego la planta por abajo con buena luna, la de la buena luna resistirá y el resto se secará.

A los innumerables talentos del polifacético genio de Leonardo hay que añadir, pues, su superlativa labor como botánico. No parece exagerado concluir nuestras consideraciones con las palabras que Giorgio Vasari le dedica en sus *Vidas*:

---

1. M. Malpighi, *Anatome plantarum idea*, Londres, 1686.

Fig. 21: Leonardo da Vinci, *Estudio para flores* (*c.* 1495).

Grandísimos dones se ven llover de los influjos celestes sobre los cuerpos humanos, muchas veces de manera natural; y en ocasiones, de un modo sobrenatural, se derraman abundantes en un único cuerpo belleza, gracia y virtud, de tal suerte que, en todo cuanto emprende, la divinidad de sus acciones deja rezagados al resto de los hombres, manifestando de modo claro que ello es dádiva de Dios y no arte humana. Esto fue lo que los hombres vieron en Leonardo da Vinci, quien, además de su belleza corporal, nunca bien ponderada, exudaba una gracia infinita en cada una de sus acciones, y tanta era asimismo su virtud que, cada vez que dirigía su ánimo hacia alguna dificultad, la resolvía fácilmente. Mucha era su fuerza, unida a su destreza; en ánimo y valor fue siempre regio y magnánimo; y la fama de su nombre creció tanto que fue tenido en estima no solo en su época, sino hasta mucho después de su muerte.

El cielo, ciertamente, nos manda en ocasiones a quienes representan no a la humanidad, sino a la divinidad misma, para que tomando esta como modelo podamos, imitándola, acercarnos con el alma y la excelencia del intelecto a las regiones más eminentes del cielo.

Fig. 22: Retrato de Marcello Malpighi (1628-1694), según un grabado del siglo XVII.

V

De lo simple a lo complejo
Marcello Malpighi, fundador de la anatomía vegetal

Marcello Malpighi, uno de los mayores científicos del siglo XVII, nació en Crevalcore, cerca de Bolonia, el 10 de marzo de 1628, en una época de fuertes tensiones religiosas y culturales (poco después de la Contrarreforma) y de extraordinarias revoluciones científicas. En 1630, Galileo publicó el *Diálogo sobre los dos máximos sistemas del mundo ptolemaico y copernicano*, con el que regaló a la humanidad una nueva forma de pensar libre de prejuicios y allanó el camino para los avances científicos y tecnológicos de los siglos venideros. En muchos sentidos, podemos ver a Marcello Malpighi como el Galileo de la biología, no tanto por sus relaciones con la Iglesia (murió siendo protomédico pontificio, llamado a Roma por el papa Inocencio XII) como por el giro radical que supo imprimir en la medicina y por sus fundamentales descubrimientos en los más diversos campos de la biología.

El legado científico de Malpighi causa asombro por su amplitud y variedad. Fue el fundador de la anatomía microscópica, así como el primer histólogo de la historia, y sería prolijo citar todos sus descubrimientos relativos al estudio de las estructuras microscópicas, muchas de las cuales llevan su nombre: hay una capa epidérmica llamada capa de Malpighi; existen dos corpúsculos de Malpighi, uno en los riñones y otro en el bazo; y el sistema excretor de los insectos contiene los llamados tubos de Malpighi. Pero sus descubrimientos no se limitaron a identificar estructuras anatómicas simples, sino que fue mucho más allá e investigó también los principios que regulaban el funcionamiento de aquellos órganos que se convertían en objeto de su insaciable curiosidad científica.

Malpighi desentrañó la función precisa de los pulmones, considerados hasta entonces coágulos de sangre por la medicina galénica; comprendió la importancia de los capilares y, por consiguiente, de la comunicación entre el sistema arterial y el sistema venoso; e identificó la función de las papilas gustativas. Descubrió además que los insectos no respiran por pulmones, sino a través de unos pequeños orificios localizados en la epidermis llamados *tráqueas*. Fue el primero en describir el desarrollo del polluelo en el interior del huevo, el primero en representar las huellas dactilares en su *De externo tactus organo*, el primero en ver un glóbulo rojo en la sangre, el primero en entender que la sangre del lado derecho del corazón es diferente de la del lado izquierdo. La suya, en definitiva, fue una obra de una calidad inconmensurable, gracias a la cual surgieron varias disciplinas científicas, que marcó una verdadera revolución en la investigación biológica en general.

Malpighi se inició en la investigación anatómica y fisiológica trabajando con animales, pero enseguida se percató de que las dificultades que había que afrontar eran numerosas y a menudo insuperables con los instrumentos de la época. De aquí que desviara su atención hacia el estudio de las plantas, con la esperanza de que un estudio pormenorizado de su estructura, más simple, le permitiera ahondar en el conocimiento de la complejidad animal y humana. El proyecto de Malpighi de determinar la función de los órganos animales por medio del estudio de las plantas se convertiría en una de las piedras angulares de la biología moderna. Por primera vez, con Malpighi, se entendió que existía una continuidad en la construcción de los seres vivos y que, a través del estudio de los sistemas más simples, podían adquirirse conocimientos aplicables a otros sistemas más complejos. En su *Opera posthuma*, impresa en 1697, escribió:

> Por las observaciones realizadas hasta el momento, se diría que la naturaleza se sirve, para sus operaciones y movimientos, de instrumentos más fáciles y sencillos, los cuales, a pesar de que los órdenes de seres vivos no son totalmente idénticos, pueden reducirse por analogía a una misma mecánica; y a menudo la variedad del órgano muestra con mayor claridad el uso que en nosotros o en otros resulta oscuro: de ahí que la

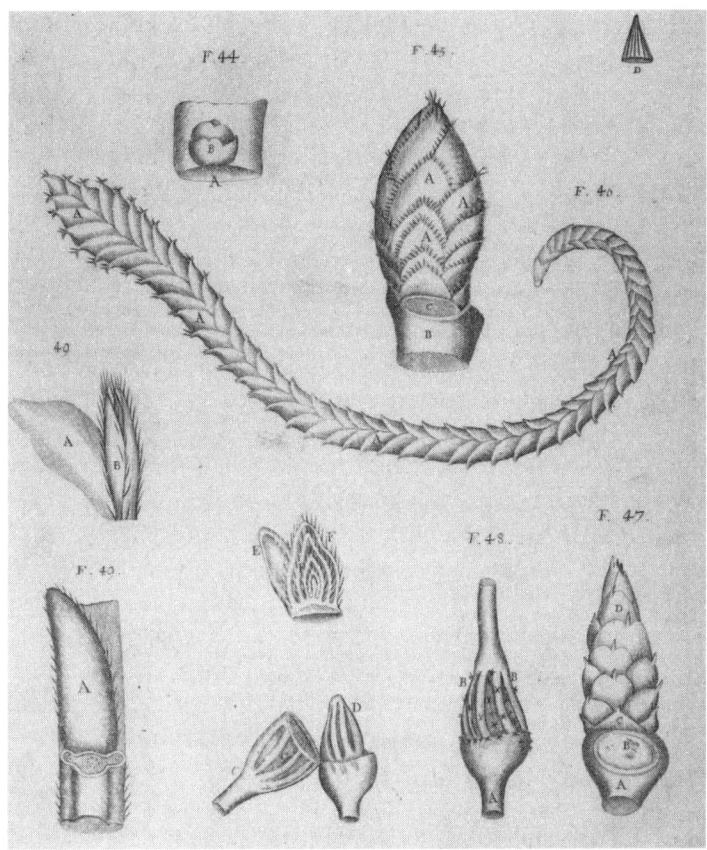

Fig. 23: Detalles anatómicos en uno de los grabados del *Anatome plantarum*.

zootomía sea útil también para la medicina, pues aumenta el conocimiento filosófico y la economía del animal, sobre todo del hombre cuando se aplica con criterio. Vemos así que la sustancia membranosa de los pulmones, en nosotros oscura, se hace más manifiesta en la anatomía de las tortugas, las serpientes, las ranas, los insectos y las propias plantas.

Resulta desolador que todavía hoy, más de tres siglos después de que Malpighi la expresara por primera vez, esta idea tan básica de la práctica biológica −según la cual es fundamental elegir la preparación experimental más adecuada al tipo de problema que se desea resolver–, a pesar de sus sólidos fundamentos lógicos y científicos, siga siendo ampliamente ignorada en la práctica común y que, muy a menudo, se vea incluso obstaculizada por la insensata división de las ciencias en disciplinas limitadas y restrictivas.

En 1662 Malpighi era profesor de medicina teórica en la Universidad de Pisa, pero su vida no era sencilla. Las inevitables envidias y los malentendidos con sus colegas lo convencieron rápidamente para aceptar el ofrecimiento del Senado de Mesina, que lo había invitado a asumir la dirección del jardín botánico de la ciudad.

Mesina vivía por entonces un gran auge cultural, y el *Hortus Messanensis*, el primer jardín botánico del área mediterránea, era una de sus más radiantes expresiones. Allí, Malpighi comenzó a trabajar de manera más sistemática con plantas y llevó a cabo una extraordinaria serie de descubrimientos, el más importante de los cuales fue probablemente la demostración de que todos los órganos de los seres vivos, sea cual sea su tamaño, están compuestos por módulos, cuyas unidades elementales, debido a sus diminutas dimensiones, solo son observables al microscopio. Dicho de otro modo, Malpighi fue el primer hombre que vio células vivas.

Su portentosa actividad científica en Mesina quedó recogida en dos textos fundamentales para la historia de la botánica: *Anatome plantarum idea* y *Anatome plantarum*, publicados unos años más tarde en la revista *Philosophical Transactions* de la Royal Society, institución de la que entretanto había sido elegido miembro. (El 21 de diciembre de 1671, el mismo día en que Isaac Newton era nombrado *fellow* de la Royal Society, se leyó parte de la disertación de Malpighi sobre anatomía vegetal).

Cuesta dar una idea general del número de descubrimientos relacionados con la anatomía de las plantas de que Malpighi dejó constancia en estos dos tratados. Por primera vez, las yemas presentes en las ramas de los árboles se describían e interpretaban correctamente como plantas individuales en potencia. Malpighi, de forma metafórica, las definía como «infantes» que con el tiempo se convertirán en adolescentes («*Gemmae igitur sunt velut infans custoditus, qui tandem adolescit in ramum*»), las comparaba con embriones engendrados a partir de huevos y hablaba de ellas como si fueran plantas «en

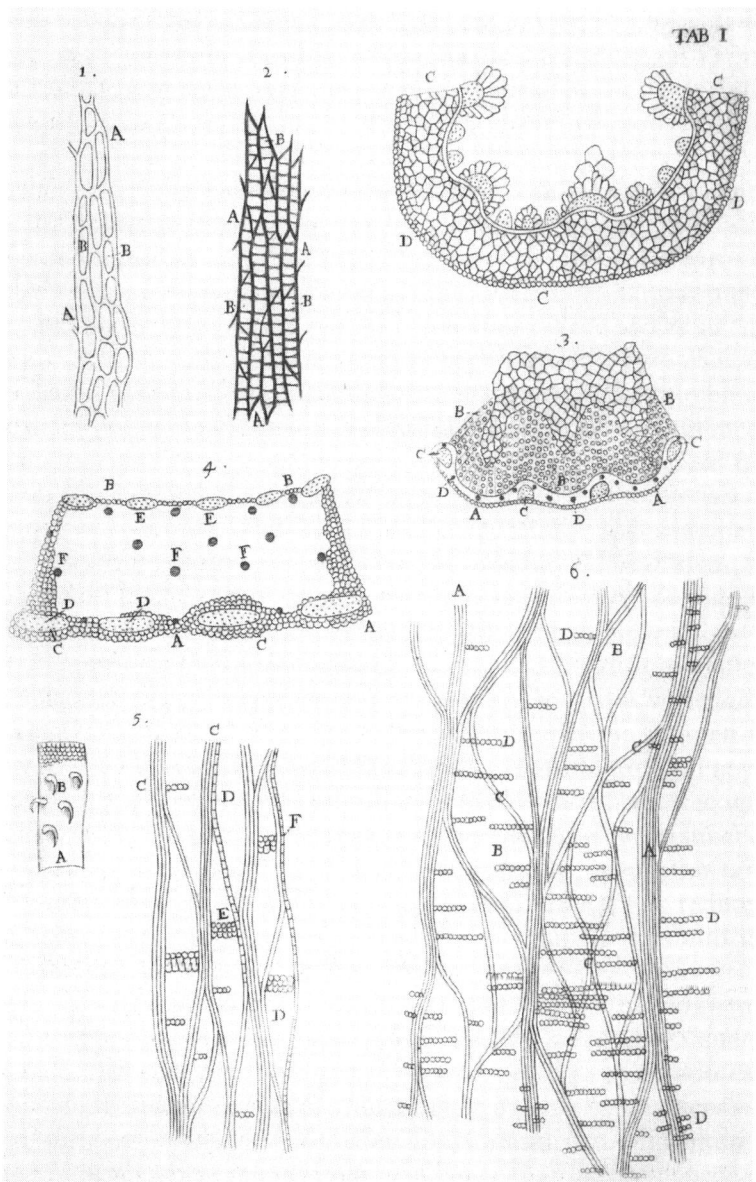

Fig. 24: Detalles anatómicos en uno de los grabados del *Anatome plantarum* de Malpighi. Las letras indican los puntos de interés.

miniatura» («*compendium sit plantulae nondum explicitae*»). Para referirse a las yemas también empleaba el término *implantatio*, dando a entender que las yemas son entidades independientes.

En el volumen de 1679 (*Anatome plantarum*), Malpighi ilustró por primera vez las diferentes etapas de la germinación de las semillas y del crecimiento de las plántulas tomando como ejemplo algunas cucurbitáceas, la judía y el trigo, y describió sus características a intervalos regulares a partir del instante de la germinación. Su *Opera posthuma* (1697) contenía extraordinarias ilustraciones de la semilla, de la posterior germinación del *Ricinus communis* y de la palma datilera (*Phoenix dactylifera*). La perfección y el detalle de esas ilustraciones eran tales que, un siglo después, el gran botánico alemán Julius von Sachs todavía las consideraba insuperables tanto por su exactitud como por la calidad de la información que contenían.

La prueba de que Malpighi fue un botánico de proporciones colosales es que, durante más de un siglo y medio desde la publicación de sus obras, no se registraron avances significativos en el estudio de las plantas. Fue como si Malpighi, con su desbordante actividad, lo hubiera descubierto todo. Por poner un ejemplo: cuando en 1852 (unos ciento setenta años después de la publicación del *Anatome plantarum*) Arthur Henfrey publicó con la Royal Society una descripción de la estructura de la *Victoria regia*, ni la presentación ni la descripción de las imágenes aportó nada con respecto a lo que ya había dicho Malpighi.

La obra de Malpighi fue extraordinaria no solo desde el punto de vista de la calidad y el detalle de sus representaciones, sino también desde el punto de vista metodológico, ya que marcó el inicio de una nueva era en los estudios microscópicos. Por ejemplo, en lo tocante al estudio de las ramas, Malpighi insistía en que, al tratarse de estructuras tridimensionales, debían describirse mediante distintas secciones en los tres planos del espacio: este fue el esquema que aplicó para ilustrar la rama del álamo (1675), representada mediante una combinación de secciones radiales, tangenciales, transversales y oblicuas. A Malpighi le debemos incluso la representación anatómica mediante letras que señalan los puntos de interés y

Fig. 25: Ilustración del frontispicio de la edición inglesa del
Anatome Plantarum (1765-1769).

su correspondiente descripción en la leyenda, sistema todavía en
uso. Tras la publicación de sus obras sobre anatomía vegetal, la
fama de Malpighi se extendió rápidamente por toda Europa, donde
fue aclamado como fundador de la anatomía vegetal. Un siglo después, Linneo nombraría todo un género (*Malpighia*) en su honor.
Malpighi murió en Roma en 1694, «a los sesenta y seis años,
tres meses y diecinueve días», y así lo recuerda Gaetano Atti en su
hermosa biografía del gran científico:

Murió por tanto a los sesenta y seis años, tres meses y diecinueve días.
Tuvo un ingenio sutil, claridad de entendimiento, fue de natural benévo-
lo, poco dado a la ira y temperado en sus deseos. Nunca se dejó arreba-
tar por las pasiones. Amó la gloria y buscó en el estudio paz espiritual y
consuelo. La excelsitud y fecundidad de su mente no derivaron en sober-
bia, y fue moderado en la prosperidad. Tuvo un corazón tierno más allá
de toda medida [...], sobrio, frugal, de costumbres intachables, de moda-
les sencillos y dulces, de una lealtad y una franqueza incomparables.

Fig. 26: Charles Darwin al regreso de su viaje en el bergantín Beagle, en una acuarela de George Richmond.

VI

Mariposas y otras historias de familia
Los Darwin y la botánica

En ciencia, el mérito corresponde a quien con-
vence al mundo, no al primero que tuvo la
idea.

FRANCIS DARWIN (1848-1925)

La familia Darwin representa un singular ejemplo de continuidad
en la investigación científica: a lo largo de siete generaciones, desde
Erasmus Darwin hasta nuestros días, una decena de sus miembros
han sido *fellows* de la Royal Society, la academia científica más
prestigiosa de Gran Bretaña. Y, aunque las ramas del saber a las que
se ha dedicado esta portentosa familia han sido numerosas y diversas –desde la astronomía (George Darwin) a la física (Charles Gal-
ton Darwin), pasando por la neurociencia (Horace Barlow) y la
economía (el famoso economista John Maynard Keynes también
estaba emparentado con los Darwin)–, la botánica ha sido siempre
su disciplina preferida.

Desde Erasmus, el abuelo de Charles, a Sarah Darwin, actualmente botánica en el Museo de Historia Natural de Londres,
los Darwin se han ido sucediendo sin que faltase nunca algún
estudioso de las plantas. En cierto modo, podríamos decir que
la familia evolucionó para producir botánicos, como si con ello
pretendiera confirmar la teoría darwiniana de la adaptación al
medio.

El primer miembro de la familia que consagró sus esfuerzos
a la comprensión del reino vegetal fue Erasmus Darwin. El abuelo paterno de Charles fue uno de los primeros científicos evolu-

cionistas y un gran divulgador de Linneo. Precisamente para traducir las obras del gran botánico sueco del latín al inglés fundó la Sociedad Botánica de Lichfield, cuyo fin estatutario consistía en difundir la clasificación linneana en Gran Bretaña. El resultado fueron dos obras: *Systema naturae* (1783-1785) y *The Families of Plants (Las familias de plantas)* (1787), en las que Erasmus Darwin acuñó muchos nombres comunes de plantas que todavía hoy siguen vigentes en inglés. En 1791 publicó *The Botanic Garden (El jardín botánico)*, obra con la que divulgó el sistema linneano de clasificación en las islas británicas.

La línea materna de Charles Darwin también contribuyó a la gloria familiar en las ciencias vegetales. Josiah Wedgwood II, tío materno de Charles e hijo de Josiah Wedgwood, creador de la famosa casa de porcelana del mismo nombre, fue uno de los fundadores de la Real Sociedad de Horticultura, que sigue siendo la institución hortícola más prestigiosa e influyente del mundo. Ni siquiera Robert, el padre de Charles, a pesar de que no eligió la botánica como profesión, sino que se decantó por una disciplina más lucrativa como era la medicina, supo resistirse a la afición familiar al verde y creó el hermoso jardín de la casa familiar en Down, en el condado de Kent.

El miembro más famoso de la dinastía, huelga decirlo, fue Charles. En su vastísima producción científica encontramos nada menos que seis libros que tienen las plantas como objeto de estudio exclusivo. Se trata de los siguientes volúmenes: *La fecundación de las orquídeas* (1862), *Plantas trepadoras* (1865), *Plantas carnívoras* (1875), *The Effects of Cross and Self Fertilisation in the Vegetable Kingdom (Los efectos de la fecundación cruzada y la autofecundación en el reino vegetal)* (1876), *Las formas de las flores* (1877) y, por último, *The Power of Movement in Plants (El poder del movimiento en las plantas)* (1880).

A pesar de su ingente labor investigativa y experimental sobre el tema, Charles Darwin nunca se definió como botánico, sino que más bien tendió a minimizar sus dotes como estudioso del mundo vegetal. Decía ser «uno de esos botánicos que no saben distinguir una planta de otra» y se sorprendió mucho cuando lo eligieron miembro de la Sección Botánica del Instituto Francés de Cien-

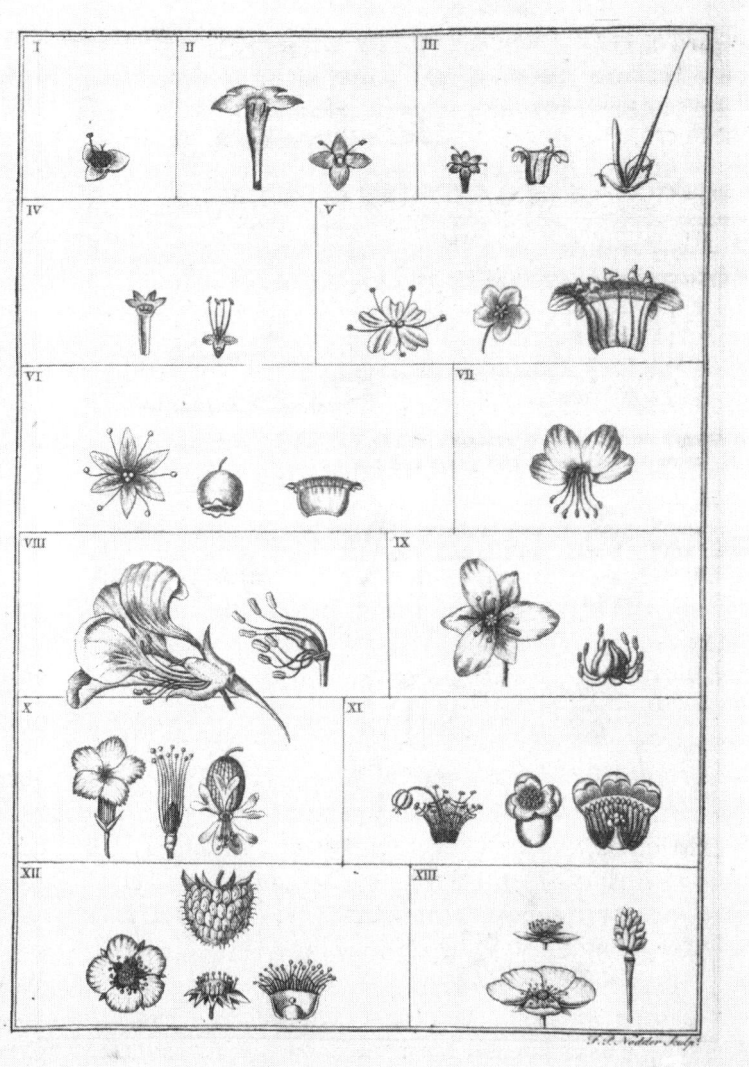

Fig. 27: Dibujos de flores en *The Botanic Garden*, de Erasmus Darwin (1791).

cias. Cabe atribuir esta actitud, en parte, al típico *understatement* británico, tan propio de la clase social a la que pertenecía Darwin, pero en parte también a una concepción de la botánica como disciplina eminentemente clasificatoria y desvinculada de la comprensión de los fenómenos naturales, muy habitual en la época victoriana.

El joven Charles se crio, pues, en un ambiente totalmente impregnado de amor a las plantas, y sus estudios en la Universidad de Cambridge se centraron casi en exclusiva en la botánica. Durante tres años, asistió a las clases de botánica del profesor John Stevens Henslow, del que enseguida se convirtió en inseparable discípulo, hasta el punto de que empezaron a conocerlo como «el que pasea con Henslow». Este último dejó, entre sus documentos conservados en la universidad, una descripción de Charles Darwin como un joven con una «buena base» en la disciplina. Sin embargo, la predisposición de Charles para la botánica solo se manifestaría de forma plena durante el famoso viaje de cinco años (1831-1836) a bordo del bergantín inglés Beagle.

Antes de surcar el océano Pacífico para regresar a Gran Bretaña, la expedición hizo una parada en las islas Galápagos. En solo tres semanas, el joven Charles consiguió recolectar y describir una cuarta parte de la ilimitada flora de las islas.

Sus observaciones sobre las plantas dieron pie al germen de la teoría de la evolución. Cuando en 1859 publicó *El origen de las especies*, se sirvió de numerosos ejemplos extraídos del reino vegetal. De hecho, las pruebas originales de la teoría que lo hizo famoso provenían en buena medida del mundo de las plantas, algo que no podemos pasar por alto si queremos entender cómo Darwin revolucionó nuestra forma de concebir la vida.

Su interés por la reproducción de las plantas y el estudio de sus mecanismos son los primeros fenómenos que lo llevan a reflexionar sobre las consecuencias evolutivas de la reproducción. En este sentido, resulta interesante traer a colación la famosa anécdota de la «mariposa de Darwin». Veamos brevemente los aspectos más significativos.

Un día le presentaron a Charles las flores de una exótica orquídea que acababa de ser descubierta en Madagascar. Se trataba del

Fig. 28: Polinización del *Angraecum sesquipedale* (ilustración de Alfred Russel Wallace).

Angraecum sesquipedale, cuya característica más llamativa es la extraordinaria longitud de su nectario, la glándula que produce el néctar de la planta. Darwin escribió al respecto en su obra *La fecundación de las orquídeas* (1862):

> En algunas flores que me envió Mr. Bateman encontré nectarios de 29 centímetros de largo, con solo los 4 centímetros inferiores llenos de néctar [...]. Es sorprendente que los insectos sean capaces de alcanzar el néctar: nuestras esfinges inglesas tienen probóscides tan largas como su cuerpo, pero en Madagascar debe de haber mariposas con probóscides capaces de extenderse hasta una longitud de entre 25 y 30 centímetros.

Y añadía:

> El polen no tendría modo de salir sino con la intervención de una enorme mariposa, con una probóscide extraordinariamente larga. Si estas grandes mariposas desaparecieran de Madagascar, el *Angraecum* también se extinguiría.

Charles Darwin acababa de introducir un elemento científico fundamental que hasta entonces no se había empleado en las ciencias naturales: hizo una predicción. De la misma manera que un astrónomo, gracias a la ley de la gravitación universal, podía predecir la presencia de una estrella desconocida a partir de las órbitas de los cuerpos celestes conocidos, Darwin predijo, aplicando la ley de la evolución (habría que dejar de llamarla «teoría»), la existencia de un insecto desconocido capaz de polinizar ese tipo de orquídea.

A este mismo concepto de predicción (y al símil astronómico) se refería Alfred Russel Wallace en 1867, cuando escribió: «La existencia de semejante mariposa en Madagascar puede predecirse con certeza. Los naturalistas que visiten la isla deben buscarla con la misma certeza con la que los astrónomos buscaron el planeta Neptuno, y se verán coronados con el éxito».

La teoría de la existencia de una mariposa de tan gigantescas dimensiones sería objeto de feroces ataques y burlas durante más de cuarenta años. En 1877, en la segunda edición de la misma obra, Darwin escribía:

> Mi creencia [en tal mariposa] fue tildada de ridícula por ciertos entomólogos, pero hoy, gracias a Fritz Müller, sabemos que existe en el sur de Brasil una esfinge con una probóscide de longitud casi suficiente, ya que cuando está seca mide entre 25 y 27 centímetros de longitud. Cuando no está erecta, se enrolla en una espiral de al menos veinte vueltas.

Tuvieron que pasar cuarenta y un años para que los entomólogos alemanes Lionel Walter Rothschild y Heinrich Ernst Karl Jordan describieran, en 1903, la mariposa capaz de polinizar el *Angraecum*. Se trataba de la *Xanthopan morganii praedicta*, la mariposa «predicha» cuyo nombre lleva marcado de forma indeleble la exactitud de la predicción darwiniana. El insecto tiene una envergadura de entre 13 y 15 centímetros, es de color óxido muy claro y posee una enorme probóscide de 25 centímetros de largo, tal como Charles Darwin había intuido muchos años antes.

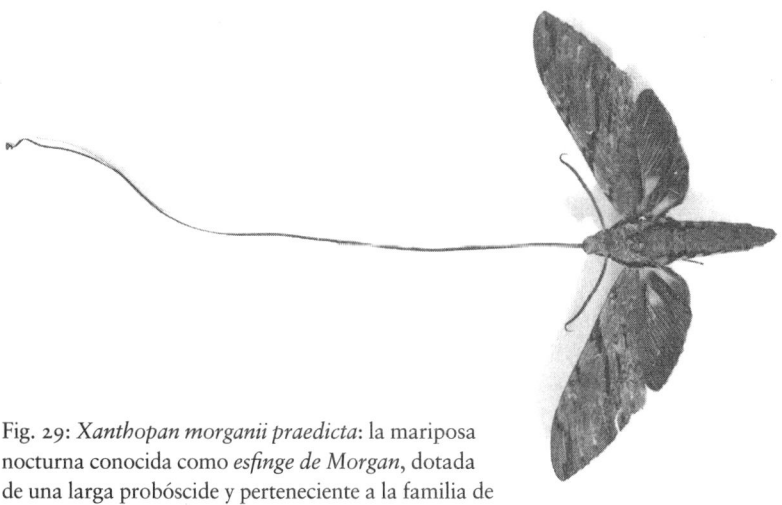

Fig. 29: *Xanthopan morganii praedicta*: la mariposa nocturna conocida como *esfinge de Morgan*, dotada de una larga probóscide y perteneciente a la familia de los esfíngidos.

Fig. 30: Charles Darwin caricaturizado como un mono colgado del «árbol de la ciencia» en una viñeta satírica de la revista francesa *La Petite Lune* (1878).

Como ya hemos mencionado, los ejemplos extraídos de la observación y el estudio de las plantas tuvieron un gran peso en la elaboración y posterior «defensa» de la teoría de la evolución por parte de Darwin. Por otro lado, la ampliación del conocimiento botánico derivada de este estudio fue realmente impresionante, entre otras cosas por sus implicaciones prácticas. Pensemos, por ejemplo, en el descubrimiento de la fecundación cruzada de las plantas. Esto que hoy damos por descontado supuso en su momento una verdadera revolución. Antes de Darwin, el médico, botánico y naturalista sueco Linneo había demostrado que las flores (la mayoría, al menos) disponían tanto de órganos masculinos como femeninos; es más, el sistema de clasificación linneano se cimentaba justamente en ese rasgo anatómico. En la segunda mitad del siglo XVIII, la autopolinización se consideraba el modo normal de fecundación de las flores. Esto, sin embargo, no convencía a Darwin: si la autofecundación era el modo de fecundación normal en las plantas, ¿qué razón había para que las flores tuvieran órganos masculinos y femeninos?

Charles, además, veía en ello un fuerte obstáculo para su teoría de la evolución: sin fertilización cruzada, la evolución de las plantas se habría ralentizado mucho o habría sido del todo imposible. La cuestión era tan crucial que se dedicó a resolverla los años inmediatamente posteriores a la publicación de *El origen de las especies* (1859). Empezó abordando el problema a través del estudio de los estilos (cortos o largos) de la prímula y enseguida descubrió que los cruces entre plantas con diferentes tipos de estilo (corto con largo) aumentaban la cantidad y la calidad de las semillas. Gracias a este resultado inicial, Darwin identificó el famoso «vigor híbrido» –el término es suyo– que más tarde revolucionaría, multiplicando el rendimiento, la forma de cultivar numerosas especies vegetales. Sin embargo, el principal objetivo de Darwin seguía estando muy lejos. Todavía no estaba claro en absoluto que el principio de que «los seres vivos superiores requieren cruces ocasionales con otros individuos»[1] fuera aplicable también a las plantas.

En 1793, Christian Konrad Sprengel publicó en Berlín *Das entdeckte Geheimnis der Natur im Bau und in der Befruchtung der Blumen (El secreto de la naturaleza desvelado en la estructura y la fecundación de las flores)*, libro en el que se ocupaba de

---

1. C. Darwin, *La fecundación de las orquídeas*, trad. Carmen Pastor, Pamplona, Laetoli, 2007.

manera pormenorizada del transporte del polen de una planta
a otra por medio de los insectos (polinización entomófila). La
importancia de la obra de Sprengel fue totalmente subestima-
da por sus contemporáneos, quienes llegaron a declarar que la
idea de que las flores tuvieran algo que ver con las funciones
sexuales resultaba obscena. Darwin, en cambio, calificó el libro de
Sprengel de «maravilloso». Lo singular del asunto es que Sprengel, pese a intuir correctamente que la función de los insectos
tenía que ver con el transporte del polen, permaneció fiel a las
ideas de Linneo sobre la autopolinización y no se percató del papel fundamental de los insectos en la fertilización cruzada de las
plantas.

Esto último, sin embargo, no se le escapó a Darwin al estudiar
los sistemas de polinización de las orquídeas, lo cual le permitió
reparar en que las formas, los colores, los néctares y los aromas de
los que se sirven las flores para atraer a los insectos, junto con las
múltiples estructuras anatómicas destinadas a asegurar un transporte eficaz del polen por parte de los insectos, no eran más que
«artimañas» («*contrivances*») que habían «evolucionado» con el
tiempo para garantizar la fecundación cruzada.

Gracias a este descubrimiento, Darwin demostró de un plumazo
la coevolución de las plantas y los insectos y aportó una prueba de
peso en apoyo de la teoría de la evolución.

Las plantas proporcionaron a Darwin un excelente material de
estudio para hacer más efectivo su ataque al creacionismo. A fin
de cuentas, según las ideas de la época –no muy distinta a la nuestra, en este respecto–, las plantas no tenían nada que ver con los
animales: eran seres inmóviles, insensibles, incluso formaban un
reino aparte, muy alejado del de los animales. Darwin comprendió que estudiar la evolución en las plantas no despertaba tantas
emociones como estudiarla en los animales, y ya no digamos en
los humanos. Para Darwin, las plantas se adecuaban mejor a la
observación científica seria y desapasionada. He aquí por qué, al
exponerle la nueva estrategia a su amigo, el botánico Asa Gray,
Darwin utilizó una metáfora tomada de la terminología militar:
«Nadie entendió que mi libro sobre las orquídeas era un "ataque
por el flanco" enemigo».

Salta a la vista que Darwin tenía muy claro que las plantas no eran en absoluto menos complejas que los animales («Siempre me complace enaltecer a las plantas en la escala de los seres vivos»), pero, por una vez al menos, subestimarlas se reveló una estrategia útil.

Dentro de este recorrido por los numerosos y excepcionales descubrimientos de Darwin sobre el comportamiento de las plantas, no puede faltar un breve excurso sobre la más fascinante de sus intuiciones acerca de la fisiología de las plantas: la «teoría de la raíz-cerebro». Dos años antes de su muerte en 1882, el ya anciano naturalista y científico publicó, con la ayuda de su hijo Francis, un libro revolucionario ya desde el título, *The Power of Movement in Plants* (*El poder del movimiento en las plantas*), que estaba destinado a cambiar la historia de la botánica. Al igual que en otras obras de Darwin, las últimas páginas del tratado explicitan los extraordinarios resultados científicos obtenidos:

> No será exagerado decir que la punta de la raíz, dotada como está [de sensibilidad] y de capacidad para dirigir el movimiento de las regiones adyacentes, actúa como el cerebro de un animal inferior; este cerebro, al estar situado en la parte delantera del cuerpo, recibe las impresiones de los órganos de los sentidos y dirige los diferentes movimientos.

Tras haber descrito a lo largo de más de quinientas páginas las múltiples y admirables posibilidades de movimiento de la planta (tres cuartas partes, al menos, dedicadas a describir los movimientos de la raíz), Darwin llegaba a la conclusión de que no había mucha diferencia entre las funciones cerebrales de un gusano o cualquier otro animal inferior y las de la punta de la raíz de una planta. En el último capítulo, antes del memorable final, menciona una y otra vez las excepcionales capacidades sensoriales del ápice radical:

> Creemos que no hay en las plantas estructura más maravillosa, en cuanto a sus funciones, que el ápice radical. Si se presiona ligeramente

Fig. 31: Árbol de eucalipto, originario de Australia, en una obra divulgativa sobre el viaje de Darwin a bordo del Beagle.

o se quema o se corta, transmite una influencia a las partes superiores adyacentes, haciendo que se curven para alejarse del lugar afectado [...]. Asimismo, si el ápice percibe que el aire es más húmedo en un lado que en el otro, transmite una influencia a las partes adyacentes, que se curvan hacia la fuente de humedad. Cuando la luz incide en el ápice radical [...], las partes adyacentes se alejan de la luz, pero cuando reciben el estímulo de la gravedad, esas mismas partes se curvan hacia el centro de gravedad.

Darwin descubrió así que el ápice radical era un sofisticado órgano sensorial capaz de percibir diferentes parámetros. Y no solo eso, sino que, tras constatar que era sensible a los estímulos externos, sugirió que generaba señales que podían inducir el movimiento de partes de la planta alejadas de la raíz. Observó, además, que, con la extirpación quirúrgica del ápice, la raíz perdía gran parte de su sensibilidad: ya no era capaz, por ejemplo, de percibir la gravedad o determinar la compactibilidad del suelo. En otras palabras, el libro de Darwin formulaba una poderosa hipótesis acerca de las capacidades de la raíz y, a la vista de «su importancia para la vida de toda la planta»,[1] daba el pistoletazo de salida al estudio de la fisiología del sistema radical.

Su sugerente idea de que la planta era como un hombre vuelto del revés y con la cabeza enterrada en el suelo entroncaba con una antigua idea de la filosofía griega. La parte más importante de la planta, el verdadero centro de mando, se localizaría, pues, bajo tierra («el cerebro, al estar situado en la parte delantera del cuerpo»), mientras que la parte epigea de la planta no sería más que el polo posterior, destinado, como en todos los organismos vivos, a albergar los órganos sexuales (las flores) y excretores (las hojas).

Como en otras ocasiones, la idea de Darwin no fue recibida con entusiasmo, precisamente. La oposición más fuerte provino de los botánicos alemanes, en especial de Julius Sachs. Pero eso era algo que Darwin ya había anticipado:

Junto con mi hijo Francis, estoy preparando un volumen bastante extenso sobre los movimientos de las plantas con el que, creo, aportaremos muchas novedades y nuevas ideas. Me temo que nuestro punto de vista encontrará una gran oposición en Alemania.

El juicio de los botánicos alemanes no se basaba en fundamentos científicos sólidos, sino que parecía dictado por moti-

---

1. C. Darwin, F. Darwin, *The Power of Movement in Plants*, Londres, John Murray, 1880.

vos más bien espurios, relacionados sobre todo con la irritación que el gran botánico Sachs sentía ante lo que consideraba una intromisión ilegítima por parte de Darwin. Sachs, en efecto, había publicado numerosos libros y artículos científicos sobre la fisiología del movimiento de las plantas y opinaba que el inglés era un «diletante de casa de campo» (*«a countryhouse experimenter»*). Sus resultados no podían compararse con los de los rigurosos estudios de un fisiólogo vegetal como él. Sachs, pues, solicitó a su ayudante Emil Detlefsen que replicara los experimentos de Darwin, sobre todo los relativos al comportamiento de la raíz tras la eliminación de la caliptra (la parte más externa del ápice radical).

Los experimentos se ejecutaron erróneamente, en parte por la escasa consideración de que gozaban las ideas de Darwin en el laboratorio de Sachs, por lo que los resultados obtenidos fueron completamente distintos a los del naturalista inglés. En cuanto tuvo conocimiento de los resultados de Detlefsen, Sachs acusó a Darwin de haber experimentado como un «aficionado» y de haber llegado a conclusiones erróneas. Pero, como hemos dicho, quien había realizado los experimentos de forma incorrecta era Sachs (o más bien su ayudante), como se comprobó posteriormente. En efecto, poco tiempo después, Wilhelm Pfeffer, antiguo alumno de Sachs y también botánico de renombre, replicó los experimentos con resultados idénticos a los obtenidos por Darwin y reconoció la importancia de este en un libro titulado *Handbuch der Pflanzenphysiologie (Manual de fisiología vegetal)*, que el recalcitrante Sachs calificó de «mero cúmulo de hechos sin digerir».

Hoy sabemos que el ápice radical es más perfecto aún de lo que el propio Darwin imaginaba: es capaz de percibir hasta quince parámetros fisicoquímicos del entorno, entre ellos –además de la gravedad, la luz, la humedad y la presión– el oxígeno, el dióxido de carbono, el monóxido de nitrógeno, el etileno, los metales pesados, el aluminio, numerosos gradientes químicos, la sal, etc.

Desde que inició sus estudios en Cambridge, y a lo largo de las décadas siguientes, Darwin se dedicó con pasión al estudio de las plantas. Buscó en estas fascinantes criaturas pruebas de la teoría de la evolución, y su interés por ellas perduró hasta los últimos días de su vida, que tocó a su fin el 19 de abril de 1882, solo nueve días después de haber escrito su última carta, en la cual, por supuesto, hablaba de una planta.[1]

---

1. «Charles Darwin's Last Letter?», *Transactions of the Kansas Academy of Science*, vol. 48, n.º 3 (1945), pp. 317-318.

Fig. 32: Federico Delpino (1833-1905).

VII

La especial atracción
entre las plantas y las hormigas
Federico Delpino y la mirmecofilia

Federico Delpino fue sin duda alguna el botánico italiano más importante de la segunda mitad del siglo XIX. Conocido universalmente como el fundador de la biología vegetal, sus fundamentales aportaciones a la historia de la disciplina abarcaron desde el estudio de los mecanismos de polinización en numerosas especies hasta la reorganización de la sistemática. Numerosos vocablos de la terminología botánica, como *dicogamia, anemofilia* o *entomofilia*, por mencionar algunos, fueron acuñados por Delpino hacia 1870 e inmediatamente aceptados por los botánicos más destacados de la época, desde Charles Darwin hasta Asa Gray.

Sus contemporáneos enseguida reconocieron a Delpino como un erudito dotado de un talento poco común. Científicos como Severin Axell, Fritz Müller y Friedrich Hildebrand –a efectos prácticos, la élite de la botánica mundial de finales del siglo XIX– le tributaron grandes honores, reconociéndolo como el fundador de la biología vegetal. El propio Darwin, con quien mantuvo una correspondencia caracterizada por episodios de sincera amistad («Le agradecería mucho que me enviara una fotografía suya, y le adjunto una mía, por si le apetece tenerla»), era un sincero admirador suyo.[1]

Por desgracia, a pesar de su indiscutible valor como botánico, el hecho de que escribiera en italiano impidió (y sigue impidiendo) que muchos estudiosos se familiarizaran con su obra. Ya Darwin se quejaba de su incapacidad para leer directamente sus textos y de tener que recurrir a su mujer para que se los tradujera: «Por desgra-

---

1. G. Pancaldi, *Teleologia e darwinismo, la corrispondenza fra C. Darwin e F. Delpino*, Bolonia, Clueb, 1984.

cia, muy pocos de nuestros hombres de ciencia pueden leer en italiano, y, como usted bien sabe, ese es también mi caso; le pediré a mi mujer que traduzca algunas partes, pues estoy seguro de que me interesaría mucho».

La situación no ha mejorado mucho desde los tiempos de Darwin, y el nombre de Delpino y su papel en la historia de la botánica resultan hoy prácticamente desconocidos.

En las próximas páginas trataremos de hacer una breve descripción de los principales logros de este destacado botánico.

Federico Delpino, primero de los cinco hijos del abogado Enrico Delpino y su esposa Carlotta, nació el 27 de diciembre de 1833 en Chiavari. El pequeño Federico tenía una salud tan delicada que su madre, para fortalecer su constitución, lo obligaba a pasar largas horas en el jardín. Así es como recordaba Delpino aquellos días de la infancia:

> El carácter del naturalista nace enseguida o se adquiere en los primeros años de la vida [...]. Mi madre, mujer de espíritu selecto, preocupada por la fragilidad de mi constitución, me mantuvo todo el tiempo, desde los cuatro hasta los siete años, al aire libre en un pequeño jardín adyacente a nuestra casa. ¿Qué podía hacer un niño abandonado a sí mismo durante tantas horas en completa soledad? Me pasaba todo el tiempo estudiando las costumbres de las hormigas, las abejas y las avispas. También descubrí el curioso hábito de anidación del abejorro carpintero europeo (*Xylocopa violacea*).

Ya de adulto, Delpino estudió matemáticas y ciencias naturales en la Universidad de Génova. En 1850, tras el fallecimiento de su padre y el consiguiente empeoramiento de la situación económica de la familia, abandonó la universidad y a los diecinueve años empezó a trabajar como funcionario de aduanas en Chiavari. En 1867 se trasladó a Florencia, entonces capital del Reino de Italia, para trabajar como asistente de Filippo Parlatore en el instituto botánico local. En 1871 fue contratado como profesor de historia natural en el Instituto Real de Vallombrosa, donde permaneció hasta 1875, año en que ganó la oposición a la Cátedra de Botánica en la Universidad de Génova. En 1884 se trasladó a la Universidad de Bolonia,

IN QUESTA CASA
NACQUE
ADDI XXVII DICEMBRE MDCCCXXXIII
FEDERICO DELPINO
SCIENZIATO E FILOSOFO
FONDATORE DELLA BIOLOGIA VEGETALE
PRINCIPE DEI BOTANICI DEL SUO TEMPO

IL COMUNE DI CHIAVARI
MCMXXIII

Fig. 33: Placa conmemorativa en la casa natal de Federico Delpino, en Chiavari.

donde permaneció una década. Finalmente se trasladó a la Universidad de Nápoles, donde dirigió el jardín botánico de la ciudad. Murió en Nápoles el 14 de mayo de 1905.

La mayor contribución de Delpino a la ciencia botánica fue seguramente la creación de la biología vegetal.

En 1802, los botánicos Jean-Baptiste Lamarck y Ludolf Christian Treviranus (una vez más, dos estudiosos de las plantas) introdujeron el concepto de biología de manera simultánea e independiente. Como bien ha señalado Michel Foucault, antes de esta fecha la biología como ciencia no existía, ya que en el siglo XVIII el concepto de vida en sí era desconocido: «Lo único que existía eran los seres vivientes que aparecían a través de la reja del saber constituida por la historia natural».[1] A pesar de algunas diferencias menores en cuanto a la definición de este nuevo campo de la ciencia, tanto Lamarck como Treviranus tenían muy clara la necesidad de revisar la división tradicional de los objetos naturales en tres reinos, como hacía la historia natural de su época, en favor de una división más fundamental entre

---

1. M. Foucault (1966), *Las palabras y las cosas*, trad. Elsa Cecilia Frost, Madrid, Siglo XXI, 2010, p. 128.

Fig. 34: Charles Darwin (en el centro) y, a su alrededor, Federico Delpino, Fritz Müller, Friedrich Hildebrand y Severin Axell (en Paul Knuth, *Handbuch der Blütenbiologie [Manual de biología de las flores]*, Leipzig, 1898-1904).

lo vivo y lo no vivo. El concepto de *biología* se creó para satisfacer la necesidad de una forma distinta de estudiar los organismos vivos centrada en aquello que los diferencia de la materia inorgánica. Conceptos como los de sensibilidad o irritabilidad se tomaron de la fisiología médica y se aplicaron a todos los seres vivos. El concepto de biología, que en su formulación original se relacionaba con una amplia variedad de significados, acabó, con el tiempo, identificándose cada vez más con la idea de fisiología, es decir, el «funcionamiento de los organismos vivos». Esto ocurrió quizá porque la biología anteponía el estudio de los procesos funcionales a la morfología y la sistemática, que en aquella época constituían el enfoque característico de la historia natural; o quizá porque, a comienzos del siglo xix, se dio un impulso a la especialización del conocimiento. Por uno u otro motivo, la cuestión es que el concepto de la vida como entidad unitaria pronto quedó borrado de la biología.

En 1867, Federico Delpino publicó *Pensieri sulla biologia vegetale (Reflexiones sobre biología vegetal)*, obra seminal con la que puso los cimientos de la biología vegetal, definiéndola como aquella rama de las ciencias naturales dedicada al estudio de la vida vegetal en relación con el medio ambiente. Con esa nueva disciplina, Delpino pretendía introducir en las ciencias naturales un área de estudio centrada en los mecanismos que utilizan las plantas para interactuar con el entorno. Se trataba de una idea revolucionaria, si tenemos en cuenta que, por aquellos mismos años, un botánico de la talla de De Candolle todavía describía estas adaptaciones fundamentales de las plantas como «curiosos accidentes».

La idea original de Delpino consistió en tomar prestada de la zoología la definición del término *instinto*, entendido en el sentido de conjunto de comportamientos que los animales desarrollan para sobrevivir, individualmente y como especie, en un entorno sujeto a constantes cambios, y del término *etología* para denotar su estudio. Para Delpino, la misma terminología que se empleaba para estudiar los animales tenía que servir para describir las numerosas y complejas actividades de las plantas, como la defensa, la reproducción, la dispersión de las semillas o la vida social. Obviamente, era muy consciente de las dificultades inherentes al intento de asociar el uso del término *instinto* con el mundo vegetal, un mundo al que por lo común se le negaban la sensibilidad y la capacidad de respuesta debido a su aparente inmovilidad:

Levantemos el velo de la aparente inmovilidad e insensibilidad de las plantas, y veremos bajo este [...] una serie de fenómenos sumamente curiosos que rivalizan en número, variedad, genio y eficacia con los que presentan los seres del reino animal.

Defensor convencido de la teoría de la evolución, Federico Delpino vio en la biología vegetal la clave para demostrar la teoría de Darwin sobre la variabilidad de las especies. En 1881 escribía:

El principal incentivo para la variación de los organismos es su progresiva capacidad de adaptación a la mudanza en las circunstancias externas [...]. Ahora bien, el estudio de las adaptaciones, o el estudio de las complejas relaciones existentes entre un organismo y otro, o entre un organismo y su entorno, es competencia exclusiva de la biología.

La biología vegetal era, pues, el medio más adecuado para valorar la transformación y la evolución de las especies. En 1899 Delpino afirmaba:

Sin el concurso de la biología, ¿qué es la morfología, si no una ingrata, árida e infructuosa contemplación de formas y metamorfosis, de las cuales se nos escapan el concepto, la significación, el espíritu? ¿Qué es la morfología pura y simple, si no la medida de nuestra ignorancia? Sin embargo, con la debida ayuda de la biología, se completa y resurge, y ambas, apoyándose mutuamente, forman unidas un complejo científico de un gran interés filosófico.

Para Delpino, pues, las plantas eran perfectamente capaces de reaccionar frente al entorno y de manifestar comportamientos dignos de tal nombre. A esta concepción tan moderna de las plantas debemos uno de los descubrimientos más brillantes de Delpino: el de la colaboración entre las plantas y las hormigas.

El botánico italiano estudió durante mucho tiempo y con gran interés los numerosos mecanismos y estrategias que las plantas utilizan para defenderse de la depredación animal. En respuesta a los numerosos organismos –desde los microorganismos hasta los ma-

Fig. 35: Vista de Florencia en una litografía de Alfred Guesdon y T. Muller (1849).

míferos– que tienen las plantas como base de su alimentación, estas han desarrollado una serie de mecanismos de defensa activos y pasivos con el fin de confundir, disuadir o incluso destruir a sus agresores. Las defensas directas, como el uso de espinas, dardos, resinas, venenos o toxinas, son ejemplos notables de herramientas destinadas a atacar directamente al depredador.

Mucho más difíciles de discernir son las estrategias indirectas de defensa que tanto interesaban a Delpino, quien les dedicó un estudio sistemático con el que identificó por primera vez en las plantas el fenómeno de la mirmecofilia. La mirmecofilia (literalmente, «amor por las hormigas») designa una relación positiva entre las hormigas y otras especies. Delpino ya había estudiado la relación mirmecófila entre algunos cicadelinos y las hormigas: especies muy agresivas de estas últimas proporcionan protección a los cicadelinos, que, a cambio, les permiten libar un jugo muy azucarado y nutritivo que segregan por el abdomen.[1] Durante los años siguientes, Delpino aplicó el

1. F. Delpino, «Sui rapporti delle formiche colle tettigometre e sulla genealogia degli afidi e dei coccidi», *Atti della Società Italiana di Scienze Naturali*, vol. 15 (1872), pp. 472-486.

mismo esquema a las plantas, identificando y describiendo unas ochenta especies vegetales que mantenían relaciones mutuamente beneficiosas con las hormigas.[1] A este primer estudio, llevado a cabo casi exclusivamente durante la estancia de Delpino en la Toscana, primero como ayudante de Filippo Parlatore (primer director del prestigioso *Bullettino della Società Toscana di Orticoltura*) y después como profesor de historia natural en el Instituto Real de Vallombrosa, le siguieron enseguida muchos otros.

Algo poco sabido es que el interés de Federico Delpino por estas «relaciones especiales» entre las plantas y las hormigas se debía en gran parte a una controversia científica con Charles Darwin a propósito de la interpretación de los nectarios extraflorales, es decir, las pequeñas glándulas que producen néctar fuera de la flor, presentes en muchas especies de plantas. Darwin creía que esos nectarios extraflorales no tenían función ninguna, y así lo dijo en *El origen de las especies*:

> Ciertas plantas segregan un jugo dulce, al parecer, con el objeto de eliminar algo nocivo de su savia; esto se efectúa, por ejemplo, a través de las glándulas situadas en la base de las estípulas de algunas leguminosas y en el envés de las hojas del laurel común. Este jugo, aunque poco en cantidad, es muy codiciado entre los insectos, pero las visitas de estos no benefician en modo alguno a la planta. Ahora bien: supongamos que el jugo o néctar fuera segregado en el interior de las flores de un cierto número de plantas de una especie. Los insectos, al ir a buscar el néctar, quedarían empolvados de polen y a menudo lo transportarían de una flor a otra. Las flores de dos individuos distintos de la misma especie se cruzarían, dando pie, como ya se ha demostrado, a plantas más vigorosas, que, por consiguiente, tendrían mayores probabilidades de florecer y sobrevivir. Las plantas que produjesen flores con nectarios de mayor tamaño y que segregasen más néctar serían las que los insectos visitarían con más asiduidad y las que más frecuentemente se cruzarían; de este modo, a la larga, adquirirían ventaja y formarían variedades locales.

---

1. F. Delpino, «Rapporti tra insetti e nettari extranuziali nelle piante», *Bollettino della Società Entomologica Italiana*, vol. 6 (1874), pp. 234-239.

En pocas palabras, Darwin suponía que los nectarios extraflorales eran órganos excretores que la planta utilizaba para expeler sustancias superfluas. Con el tiempo y sucesivas adaptaciones, la evolución habría transformado esos órganos en glándulas florales capaces de atraer a las abejas u otros insectos para facilitar la polinización cruzada. Pero esta hipótesis no convencía a Delpino: ¿cómo podía llamarse *excremento* a una sustancia que contenía semejante cantidad de azúcares? Si la planta podía permitirse perder azúcares a través de los nectarios extraflorales, era señal de que estos debían de ejercer una función similar a la de los nectarios florales, es decir, la de atraer a insectos beneficiosos para la vida de la planta.

Para demostrar su teoría, Delpino se puso a analizar los posibles beneficios de las hormigas para la protección y conservación de las plantas, y acabó compilando un impresionante corpus del que, en 1886, salió una monografía definitiva sobre el tema. En ella, Delpino identificaba y describía unas tres mil especies mirmecófilas distribuidas en trescientos géneros y cincuenta familias dotadas de nectarios extraflorales. Además de las plantas que atraían a las hormigas proporcionándoles néctar, Delpino estudiaba otras ciento treinta especies distribuidas en diecinueve géneros y once familias que atraían a las hormigas proporcionándoles refugio. Las ingeniosas investigaciones de Delpino sobre la mirmecofilia abrieron un escenario insospechado hasta entonces: el de una colaboración entre plantas e insectos especialmente provechosa para la vida de las primeras.

Por último, no hay que olvidar los esfuerzos de Delpino para que las plantas fueran reconocidas como seres dotados de inteligencia. Para Delpino, el primer paso para poder identificar la inteligencia en los organismos vivos consistía en definirla de manera adecuada. Según él, la inteligencia no era un fenómeno bien delimitado, sino más bien una gradación continua de un mismo principio:

A pesar de que la mayoría de los metafísicos piensen lo contrario, el instinto y la razón no son sino dos formas o gradaciones distintas de un principio sustancialmente único, la inteligencia. La inteligencia pura no es reconocible por sí sola; para que sea posible identificarla y reconocerla, debe traducirse en acción.

Fig. 36: Relación mirmecófila entre *Acacia cornigera* y hormigas
del género *Pseudomyrmex* (© Dan L. Perlman/EcoLibrary, 2008).

Para calificar una acción de inteligente, debían concurrir «el
punto de partida, la trayectoria y la meta [...], como en la flecha que
parte del ojo del arquero, recorre el espacio y se clava en el blanco».
Estas tres fases se hallaban presentes tanto en las acciones instintivas como en las propias de la razón, ya que la diferencia entre el
instinto y la razón no era de *calidad* o *categoría*, sino simplemente
de *cantidad*. El factor clave que distinguía las acciones instintivas de
aquellas derivadas del razonamiento no era otro que la conciencia.
Por consiguiente, cualquier criatura viva podía: 1) desconocer totalmente las tres fases de la acción; 2) conocer de manera gradual
la primera fase y la última, pero ignorar por completo la segunda;
o 3) ser gradualmente consciente de las tres fases.
    La vida de las plantas, como la vida embrionaria de los anima-
les, se caracterizaba por un nivel de conciencia mínimo. Sin embargo, esto no significaba en absoluto que las plantas estuvieran des-
provistas de inteligencia. Al contrario:

En esta incongruencia incurrieron con frecuencia los fitólogos, quienes, en los tratados generales o especiales que publicaban sobre botá-

nica, no supieron aislar los fenómenos de las manifestaciones vitales de las plantas y, por tanto, los pasaron por alto [...]. Podemos explicar fácilmente esta incoherencia si pensamos que tuvo que ser la consecuencia necesaria de ciertas opiniones muy arraigadas y extendidas, pero que a mí, no obstante, me parecen prejuiciosas.

En los animales, dado que están constituidos de elementos histológicos de consistencia blanda, los actos y expresiones de su sensibilidad, volición e inteligencia resultan obvios y fácilmente reconocibles gracias al claro indicio de su locomoción en el tiempo y el espacio. Las plantas, por el contrario, al estar fatalmente encadenadas a elementos anatómicos rígidos y poco flexibles y, por regla general, inexorablemente fijadas al suelo, solo dan muestras de sensibilidad en muy raras ocasiones. Y, dado que la sensibilidad se consideraba el único signo seguro de inteligencia, esta, por lo común, les ha sido negada a las plantas. Conclusión que a mi juicio constituye un grave error, fruto de una apreciación superficial de los hechos.

Cuando en la actualidad leemos las obras de Delpino, la principal sensación es sin duda la de sorpresa ante la modernidad de las ideas que allí se exponen. Sus numerosas obras traslucen casi siempre la concepción sumamente original que Delpino tenía de la ciencia, incluso en las partes donde deja constancia de acontecimientos sencillos con un estilo casi diarístico, como cuando describe la técnica de dispersión de semillas que utilizan especies como el tilo.

Terminaré este homenaje a un gran botánico por el que siento especial afecto recordando un episodio significativo de su actividad como estudioso.

Delpino cuenta que durante un paseo por el río Arno, en Florencia, en un día de viento, le llamó la atención algo que volaba a su lado y que, a primera vista, pensó que podía ser una mariposa. Cuando consiguió atraparlo, se dio cuenta de que no era ninguna mariposa:

> Conseguí atraparlo entre las palmas de las manos, pero, en vez de una mariposa, me di cuenta, no sin sorpresa, de que había cogido un fruto de tilo con su pedúnculo adherido a la bráctea. Entonces me puse a reflexionar sobre la función que cada una de las partes desempeñaba

durante aquella travesía aérea y quedé impresionado por la sencillez y la perfección de ese minúsculo aparato aeronáutico, que a la vista de la bien calculada proporción de sus elementos, estoy convencido de que maravillaría a un matemático. El fruto, que es la parte más pesada, sirve de contrapeso y mantiene el aparato en una posición tal que permite al pedúnculo mantenerse en vertical y a la bráctea permanecer algo oblicua con respecto a su longitud.

Se obtiene así un mecanismo bastante similar al de las cometas con que los jóvenes se divierten los días de viento. Con la diferencia de que la cometa, al tener una vela que culmina en un apéndice alargado que le sirve de timón, procede con el eje horizontal apuntando siempre en la misma dirección, mientras que el pequeño aparato aeronáutico del fruto del tilo avanza describiendo movimientos rotatorios y arremolinados, girando más o menos rápido en función de la mayor o menor fuerza del viento.

Esta variación, aunque a primera vista pudiera parecer fortuita e inútil, es por el contrario de lo más ingeniosa y esencial. De hecho, en la cometa, la longitud del hilo que parte del carrete y la gravedad del peso que tensa el hilo, así como el largo apéndice que le sirve de timón, garantizan que ni el vendaval más violento altere el equilibrio del artefacto y lo vuelque. La naturaleza, admirablemente simple y económica en sus hallazgos, al imprimir a su aparato un movimiento de traslación con eje giratorio y dirección constante, ha resuelto el problema de asegurar un equilibrio estable con el menor dispendio posible de materia, incluso ante un viento de gran potencia, cuya fuerza se ve disminuida o neutralizada por el aumento de frecuencia de los giros.

De lo contrario, habría hecho falta desperdiciar una cantidad ingente de materia para producir un apéndice caudal, un pedúnculo de gran longitud y un fruto muy pesado.

Con esta nota, que combina un estilo fascinante con una detallada descripción técnica del dispositivo volador de la semilla del tilo, Delpino adopta lo que hoy llamaríamos un enfoque *bioinspirado*, es decir, estudia un hecho natural y ve en él la posibilidad de extraer soluciones técnicas, lo cual demuestra una vez más hasta qué punto fue un adelantado a su tiempo.

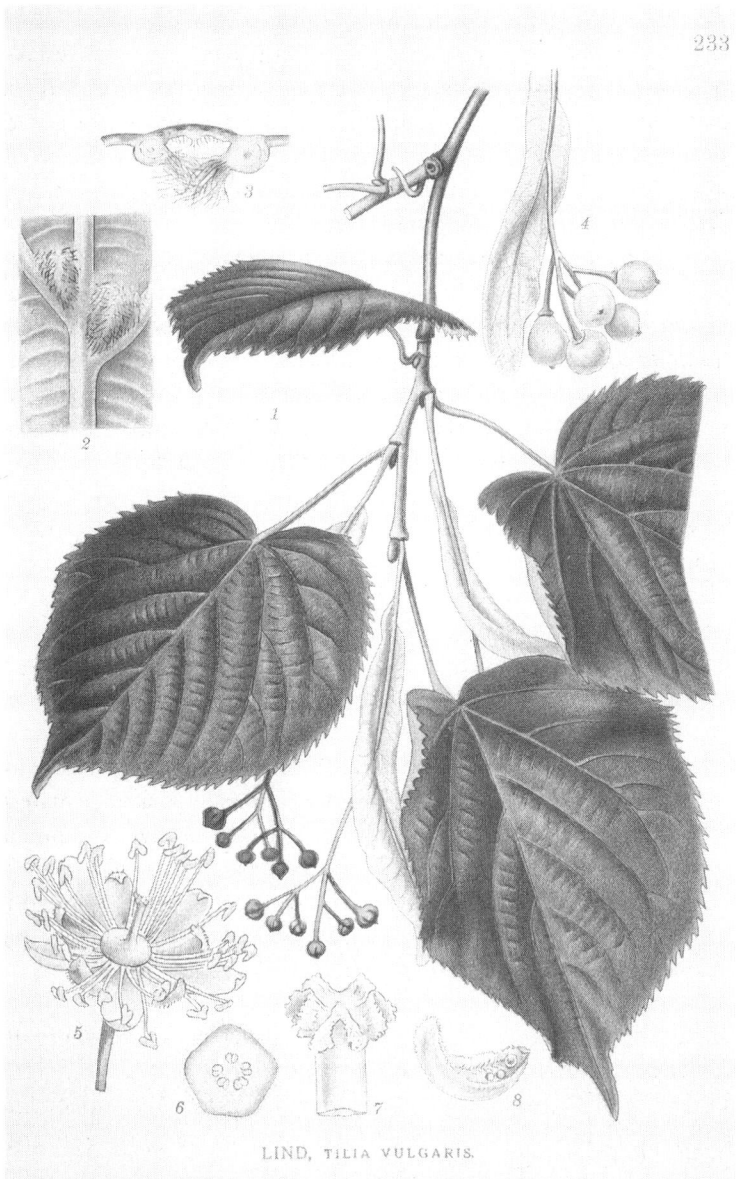

Fig. 37: Rama y hojas de tilo (*Tilia vulgaris*), un árbol especialmente longevo perteneciente a la familia de las tiliáceas o malváceas.

Fig. 38: Odoardo Beccari (1843-1920).

1. Con el microscopio resulta visible la extraordinaria variedad de formas de los gránulos de polen.

2. Planta de cacahuete.

3. *Angraecum sesquipedale.*

4. *Amorphophallus titanum.*

5. Leonardo da Vinci, *Estudio con violetas, instrumentos para soldar, mazo de madera, plancha de hierro y notas* (*c.* 1485), pluma y tinta (París, Institut de France).

6. Hormigas del género *Pseudomyrmex* recolectando los frutos ricos en proteínas de una *Acacia cornigera*.

7. Sello conmemorativo de cuatro chelines emitido con ocasión del centenario de la muerte de Johann Gregor Mendel, el «descubridor de las leyes de la herencia».

8. Cartel de 1943 con el que el Gobierno estadounidense exhortaba a los agricultores a contribuir al bienestar colectivo de la nación.

VIII

Cuando el peciolo de una hoja
se confunde con un tronco
Odoardo Beccari descubre el Amorphophallus titanum

En el número de mayo de 1878 del *Bullettino della Reale Società Toscana di Orticoltura* (fundado dos años antes), bajo la cabecera de la revista, apareció en grandes letras la noticia de que se había identificado y descrito por primera vez «una planta maravillosa» originaria de Sumatra. El descubrimiento de ese portento se debía al explorador y naturalista florentino Odoardo Beccari, y la planta en cuestión no era otra que el mundialmente famoso *Amorphophallus titanum*, una planta de dimensiones colosales, excesiva en todos los aspectos y con una flor desmesurada, la más grande, con mucha diferencia, de todo el reino vegetal.

Con esa primera aparición pública en el *Bullettino*, comenzó la fascinación por el *Amorphophallus*, una planta que en breve se convertiría en una auténtica superestrella de la botánica; la única capaz de movilizar todavía hoy –casi un siglo y medio después de su descubrimiento– a verdaderas multitudes en cada una de sus floraciones. Una celebridad con seguidores en el mundo entero, admirada en cualquier jardín botánico que se precie y con una atención mediática digna de su estatus. Una planta que, desde el momento de su descubrimiento en 1878 hasta la actualidad, nunca ha dejado de sorprender y llamar la atención. En las páginas siguientes repasaremos las circunstancias en que tuvo lugar su descubrimiento, basándonos para ello, sobre todo, en el testimonio del propio Beccari publicado en el *Bullettino*.

La historia empezó el 6 de agosto de 1878. Odoardo Beccari, de treinta y cinco años, se encontraba en la isla de Sumatra y acababa de identificar, no lejos de la aldea de Ajer Manteior, en la parte menos salvaje de la isla, una nueva y sorprendente especie vegetal:

Fig. 39: *Amorphophallus titanum* en flor en el Jardín
Botánico de Stuttgart.

Si alguien creyera que descubrí el *Amorphophallus* en las regiones más
remotas y salvajes de Sumatra, se equivocaría de medio a medio; porque lo encontré, junto con muchas otras plantas y animales nuevos
para la ciencia, en la parte más frecuentada y accesible de esa gran isla.[1]

Beccari comprendió enseguida la importancia de aquel hallazgo.
Como no disponía de demasiado tiempo para escribir a Florencia,

1. O. Beccari, «Fioritura dell'*Amorphophallus titanum*», *Bullettino della
Reale Società Toscana di Orticoltura*, vol. 14 (1889), pp. 266-278.

pero deseaba dejar constancia de aquel asombroso descubrimiento, describió la nueva planta en una carta dirigida por mensajero al marqués Corsi-Salviati, que se encargó de publicarla en el *Bullettino*:

> Dispongo de muy poco tiempo para escribirle, pero no quiero que el mensajero parta sin anunciarles un interesante descubrimiento botánico. Se trata de una aroidea gigantesca, solo comparable con la stirikadona descubierta por Seemann en Nicaragua. No tengo ningún libro aquí conmigo, así que no puedo determinar su género con certeza, tanto menos teniendo en cuenta que la he encontrado en fruto. Creo que es un *Conophallus*, de modo que lo llamaré *C. titanum*. El tubérculo de un ejemplar que desenterré medía un metro y cuarenta centímetros de circunferencia: dos hombres juntos apenas podían transportarlo, y por el camino se cayeron y el tubérculo se rompió. No obstante, conseguiré otros y se los enviaré en condiciones de vegetar. Entretanto le envío unas cuantas semillas.

Y, para dejar clara la excepcionalidad del descubrimiento, Beccari adjuntó también un par de dibujos de su propia mano –cabe recordar que por entonces era inconcebible que un verdadero naturalista no dominase las principales técnicas de dibujo– que representaban con eficacia el enorme tubérculo y los dos hombres necesarios para transportarlo.

Del tubérculo, a la manera de los *Amorphophallus*, crece una sola hoja; de hecho, en cuanto a forma y segmentación, la planta no difiere más que en tamaño de las del antedicho género; ¡pero qué dimensiones! El peciolo de la base tenía una circunferencia de 90 centímetros, ligeramente más fino hacia la parte superior, y alcanzaba una altura de 3 metros y 50 centímetros; liso en la superficie, de color verde y con abundantes manchas de pequeño tamaño, casi orbiculares, blancas como las que producen los líquenes en la corteza lisa de un árbol. Las tres ramas en las que se dividía el peciolo en la parte superior eran del tamaño de una pierna humana, y cada una de ellas se dividía varias veces, hasta formar una fronda de 3 metros y 10 centímetros de alto en total. La enramada completa cubría un área de 15 metros de circunferencia. El tallo de un ejemplar fructífero tenía las dimensiones del peciolo descrito; la parte fructífera era cilíndrica, de 75 centímetros de circunferencia y 50 centímetros de alto; estaba toda ella densamente cubierta de frutos con forma de aceituna de 35-40 milímetros de longitud y 35 milímetros de diámetro, de un color rojo como los frutos de acerolo, cada uno de los cuales contenía dos semillas. De la flor no sé nada; espero verla algún día en sus invernaderos, pero debe de ser gigantesca como pocas; quizá mayor que la de la *Rafflesia* [...].[1]

Beccari no llevaba ningún libro encima y, sobre todo, no había visto todavía la planta en flor. Por eso la adscribió erróneamente al género *Conophallus*, llamándola *C. titanum*. Aparte de eso, dadas las dimensiones de lo que había observado hasta entonces, predijo correctamente que la flor debía de tener también un tamaño colosal. La búsqueda de la flor duró menos de un mes: el 6 de septiembre de 1878, en una carta escrita desde Kayu Tanam, Beccari le anunciaba con júbilo al marqués Corsi-Salviati que la flor de su planta era, en efecto, la más grande del mundo:

La *Rafflesia arnoldii* ha quedado superada: deja de ser la flor más grande conocida. El gigante de las flores es el *Conophallus titanum*. Ayer, 5 de septiembre, por fin pude obtener una flor de esta planta extraordinaria.[2]

Sin embargo, aquel fabuloso hallazgo llegó acompañado de un estado de incertidumbre: la «falta de libros», entre otras cosas, impedía a Beccari determinar si se trataba de un *Amorphophallus* o un *Conophallus*. Veamos la descripción que hizo de la flor para su publicación en el *Bullettino*:

Por la apariencia y el sistema de coloración, la flor se asemeja mucho a la del *Amorphophallus campanulatus*; es más, la forma de la espata es prácticamente idéntica. Por sus caracteres genéricos, parece casi a medio camino entre el *Conophallus* y el *Amorphophallus*, pero la falta de

---

1. E. O. Fenzi, «Una pianta meravigliosa», *Bullettino della Reale Società Toscana di Orticoltura*, vol. 3 (1878), pp. 270-271.
2. O. Beccari, «Il *Conophallus titanum* Beccari», *Bullettino della Reale Società Toscana di Orticoltura*, vol. 3 (1878), pp. 290-293.

libros me impide decidirme por ahora. Sin embargo, guardo los órganos de reproducción en la memoria y, a su debido tiempo, espero, podré dibujarlos detalladamente. Por el momento, he aquí una descripción que puede, si usted así lo considera, publicarse en el *Bullettino*. Ya he dicho que la flor se asemeja a la del *A. campanulatus*. Antes esta planta pasaba por tener una flor bien grande, pero la del *A. titanum* es más de diez veces mayor; el ejemplar que examiné poseía un espádice de 1 metro y 75 centímetros de largo (es decir, tan alto como un hombre de estatura media), sin contar el escapo y calculando la longitud de la flor desde el punto en que la espata se expande hasta el extremo del apéndice estéril; el escapo no era muy alto ni muy grande en comparación con el peciolo de algunas hojas (unos 50 centímetros de altura y 8 centímetros de diámetro), de color verde con manchitas lenticulares blanquecinas.

Un auténtico «monstruo». Hasta entonces, no se había descrito nada comparable en la literatura científica. Una planta realmente fuera de lo común, a juego con el personaje que la había descubierto, que proseguía así –con el tono desapasionado del botánico– su descripción de la enorme flor:

El diámetro mayor de la espata es de 83 centímetros, y la profundidad, de unos 70 centímetros; la forma es acampanada, con la orla claramente dentada y densamente agrietada; por dentro, en la parte más profunda, es de color verdoso muy pálido, pero el limbo muestra una viva coloración purpúrea; por fuera, es de color verdoso pálido, lisa en la mitad inferior y densamente ondulado-agrietada en la parte superior. El espádice despojado de la espata mide más de 1 metro y 50 centímetros, pero solo 20 centímetros están revestidos de pistilos, abajo, y estambres, arriba, y carece por completo de órganos estériles; el resto del apéndice, por tanto, mide 1 metro y 30 centímetros, con un diámetro en la base de 18-20 centímetros que disminuye gradualmente en dirección al ápice que, sin embargo, es muy romo; la superficie es casi lisa, aunque con amplios pliegues superficiales en sentido longitudinal; el color es amarillo sucio hacia la base y se torna casi blanco hacia el ápice. Los ovarios son morados, triloculares y, en ocasiones, biloculares con un único óvulo anátropo por lóculo; tienen forma globosa y cónica, son independientes entre sí y se estrechan en un largo estilo que culmina en un estigma globoso amarillento, superficialmente trilobulado; los estambres son sésiles, con anteras globosas subdídimas, dehiscentes por dos ranuras estrechas situadas en el ápice; son de color amarillo pálido.

Unos años más tarde, en 1889, Beccari –ya definitivamente instalado en Florencia– se dedicó a estudiar las innumerables muestras recogidas en el curso de sus exploraciones y publicó la descripción definitiva de la gigantesca aroidea que, entretanto, y gracias por fin a la ayuda de los libros, había quedado adscrita al género *Amorphophallus* y, por consiguiente, rebautizada como *Amorphophallus titanum*. El de Beccari era un valioso estudio que alternaba las descripciones técnicas, apoyadas en mediciones («circunferencia del tubérculo, 1,40 m; altura de la planta en flor sin tubérculo, 2,25 m; longitud del espádice despojado de la espata, 1,50 m», etc.), con pasajes que parecen salidos de un diario de viaje.

Veamos la crónica del hallazgo de la planta:

Mas primero debo relatar cómo llegué a descubrir esta planta. Según mi costumbre, todas las mañanas, poco después del amanecer, me adentraba en la selva para cazar animales y buscar plantas, acompañado de dos o tres de mis hombres. La selva de Ajer Manteior ofrecía tantos elementos de interés que no hacía falta alejarse demasiado de casa. Llevaba, pues, varios días frecuentando el mismo lugar, a no más de doscientos o trescientos metros de la aldea, sin reparar nunca en nada extraordinario, a pesar de que sin duda lo tuve delante en más de una ocasión. Finalmente, me llamó la atención lo que parecía ser un tronco de árbol con la corteza lisa manchada de líquenes; sin embargo, al mirar hacia arriba, no tardé en advertir que lo que había confundido con el resto de los innumerables troncos de los árboles de la selva no era sino el gigantesco tallo de una inmensa aroidea. Durante varios días, me había llevado a engaño por la semejanza entre el blando tallo de la hoja del *Amorphophallus* y el duro tronco de un árbol.[1]

---

1. O. Beccari, «Il *Conophallus titanum* Beccari», *Bullettino della Reale Società Toscana di Orticoltura*, vol. 3 (1878), pp. 290-293.

Fig. 40: *Amorphophallus titanum* en flor en el Jardín Botánico de Bonn (© Raimond Spekking).

Beccari escribe con un estilo fascinante en el que los ejemplos provenientes de la experiencia personal sirven de apoyo a sus agudas observaciones científicas. Así, la anécdota del descubrimiento de la planta y del engaño en el que había caído al confundir el tallo con un tronco de un árbol le sirve de pretexto para hablar de la mímesis en las plantas y ampliar la definición que de ese concepto habían dado Henry Walter Bates y Alfred Russell Wallace –sí, el Wallace de Darwin–, transformándola en algo muy similar a la actual. A este propósito, escribe:

Los biólogos, que estudian la vida en todas sus manifestaciones, reconocen de inmediato en este hecho uno de esos medios de protección, no infrecuentes en los animales y presentes también en algunas plantas, para los que se han adoptado los nombres de *mimetismo, mímica* o *mímesis*. Wallace, acaso la autoridad más competente en la materia, escribe en su libro más reciente que el nombre de *mimicry* se ha asignado a una forma de semejanza protectora por la cual una especie se asemeja tanto a otra en apariencia externa y coloración que ambas se confunden, aun cuando no estén emparentadas entre sí o, como a menudo ocurre, pertenezcan a familias distintas.[1]

Beccari, que había caído en el engaño del tallo de la hoja del *Amorphophallus*, intuyó que la mímesis podía tener una función más amplia que la descrita apenas unos años antes por Wallace y Bates:

Pero a mí no me parecía inadecuado asignar un significado mucho más amplio a la palabra *mímesis*, con la cual denotaría no solo la semejanza exterior entre especies de organismos similares, sino también los casos en que ciertos animales y plantas imitan las formas de determinados objetos, como ramas y hojas, así como aquellos en que adoptan coloraciones especiales con el fin de eludir a sus enemigos confundién-

---

1. O. Beccari, «Fioritura dell'*Amorphophallus titanum*», *Bullettino della Reale Società Toscana di Orticoltura*, vol. 14 (1889), pp. 266-278. El libro de Wallace al que alude Beccari es *Darwinism. An Exposition of the Theory of Natural Selection*, Londres, Macmillan and Co., 1889.

dose con los objetos cercanos o con aquellos sobre los cuales se posan. Esta imitación de formas y colores es, pues, una práctica propia de seres débiles que, adoptando la apariencia de otro más fuerte o camuflándose de maneras varias, encuentran protección, seguridad o cualquier otra ventaja. Gracias a la mímesis, por tanto, la única hoja herbácea y muy suculenta que posee la planta de *Amorphophallus* no corre peligro de que los animales herbívoros la destruyan, pues estos no advierten su presencia y se dejan engañar, como yo, por su semejanza con los duros troncos de los árboles. De este modo, la hoja escapa al peligro de ser destruida durante el periodo activo de su vegetación, es decir, en el momento en que es indispensable para el crecimiento del tubérculo. Otras especies de *Amorphophallus* tienen el tallo de la hoja, y a veces también el de la inflorescencia, manchado como la piel de una serpiente. También en este caso creo reconocer un medio de protección, es decir, un caso de mímesis, pues apenas hay animal que no huya a la vista de una serpiente. Y un animal de pasto, engañado por su apariencia, ni siquiera se atreverá a acercarse a una planta a la cual confunde con un animal por el que siente tanta repugnancia.

Beccari daba así una definición sorprendentemente moderna de la mímesis, no solo vinculándola a los conceptos de engaño y confusión, sino también, y esto es fundamental, demostrando que puede darse también en las plantas. No hay que olvidar que hasta entonces la mímesis era un fenómeno que los estudiosos restringían casi en exclusiva al mundo animal.

En el mismo ensayo sobre la floración del *Amorphophallus titanum* –que, por las ideas que en él se presentan, constituye sin duda uno de los trabajos más interesantes y modernos de la botánica italiana de aquellos años–, Beccari plasmó otra idea magnífica y casi inverosímil, si tenemos en cuenta la época en que la formuló. Y es que, ya en 1889, Beccari intuyó una de las características más notables de la teoría de la selección natural, una peculiaridad evolutiva que todavía hoy es motivo de controversia: la evolución convergente. ¿En qué consiste? Dejemos que sea el propio Beccari quien nos lo explique en un pasaje donde habla de la fecundación del *Amorphophallus titanum*:

Fig. 41: Retrato de Odoardo Beccari (1910).

De todas las cosas dignas de estudio que el *Amorphophallus titanum* puede ofrecer al naturalista, considero que la especial coloración de la espata y el tallo de la hoja debieran atraer particularmente su atención. Los botánicos saben muy bien que existe una correlación entre el tono sanguíneo y el olor cadavérico y la presencia de moscas u otros insectos carnívoros en la espata de nuestro *Amorphophallus* y otras aráceas similares, así como en la espata de la *Rafflesia*, de varias aristoloquiáceas y asclepiadeas, del *Bulbophyllum beccarii* entre las orquídeas, de la *Asimina triloba* entre las anonáceas y otras. No cabe duda de que ese color, similar al de la carne putrefacta, sumado al olor que exhala, no es una propiedad beneficiosa para la planta que la posee. Es sabido que tales artificios atraen a los insectos, que por un lado pueden transportar el polen de una planta a los estigmas de otra, efectuando una fecundación cruzada, pero por otro facilitan la fecundación dentro de la misma envoltura floral. Ahora que tanto desacuerdo hay en cuanto al origen de los caracteres de las distintas especies de organismos y en cuanto a las causas que pueden haber influido en su estabilidad, se plantea naturalmente la pregunta de por qué flores pertenecientes a familias tan dispares han adquirido el olor y el color de la carne pútrida de un modo tan perfecto como para engañar al instinto de las moscas. Pues estas, al igual que otros insectos, solo se posan en las flores de las plantas mencionadas porque las confunden con algún animal muerto.

Beccari, por tanto, intuyó que si los mismos rasgos biológicos pueden desarrollarse en líneas genéticamente tan distantes, entonces había algo que no encajaba en la teoría de la evolución. Sin entrar en el fondo de la controversia, conviene destacar la agudeza de nuestro científico, que no solo fue el indomable explorador en el que se basó Salgari para obtener mucha información sobre Borneo, Malasia, Mompracem, sir James Brooke, el rajá blanco, etc.,[1] sino también, y sobre todo, un sutil teórico de los estudios botánicos cuyas intuiciones se anticiparon muchos años a su época.

---

1. P. Ciampi, *Gli occhi di Salgari. Avventure e scoperte di Odoardo Beccari, viaggiatore fiorentino*, Florencia, Polistampa, 2003.

Fig. 42: Gregor Johann Mendel (1822-1884).

IX

La herencia y sus leyes
Gregor Johann Mendel, el abad que creó la genética

Invierno de 1865, Brno –en aquel entonces Brünn–, Moravia, uno de los rincones más alejados del Imperio austrohúngaro. Es una tarde clara y fría de febrero, con la calle cubierta de nieve, y un grupo de hombres se dirige a paso ligero a la reunión anual de la Sociedad de Historia Natural. A juzgar por el título, parece que alguien va a pronunciar una conferencia apasionante. Entre los asistentes se cuenta un gran número de científicos ilustres, algunos bastante famosos. Provienen de las universidades más importantes del Imperio y durante el breve trayecto se ponen al día de sus respectivas investigaciones, comparten los chismes más jugosos y, sobre todo, se preguntan qué será eso tan importante que quiere explicarles ese oscuro fraile agustino y profesor de instituto por el que los han hecho desplazarse hasta Brno.

Al mismo tiempo, en el aula más grande y acogedora del colegio, un hombre corpulento y no muy alto, vestido con hábito religioso, con la frente amplia y penetrantes ojos azules, revisa atentamente el manuscrito que se dispone a leer y que tanto esfuerzo le ha costado. Es el padre Gregor Mendel, de la antigua abadía agustina de Brno y profesor de ciencias local. El texto que tiene entre las manos se titula *Versuche über Pflanzenhybriden (Experimentos sobre híbridos en las plantas)* y relata los resultados de sus experimentos relativos al cruce de guisantes, a los que ha dedicado los nueve últimos años de su vida.

Johann Mendel nació el 20 de julio de 1822 en la localidad silesia de Heinzendorf (hoy, Hynčice), una región agrícola del Imperio austrohúngaro (actualmente en la República Checa) donde diferentes grupos étnicos, sobre todo alemanes, polacos y moravos, habían convivido en armonía durante siglos, dedicados al cultivo de la tie-

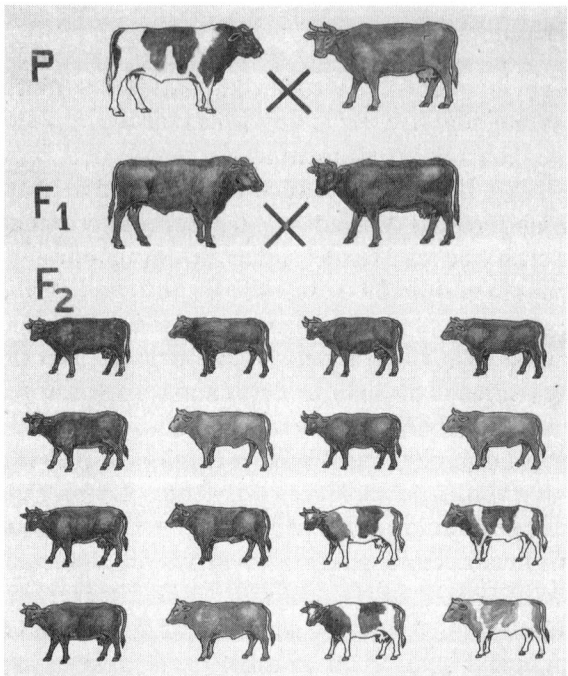

Fig. 43: Tipos de raza bovina en un cartel educativo alemán donde se ilustran las leyes de la herencia de los caracteres descubiertas por Mendel.

rra. Los padres de Johann, Anton y Rosine, eran campesinos de habla alemana, y Johann tenía dos hermanas, Veronica, dos años mayor, y Teresa, cinco años más joven.

Johann se crio en contacto con las plantas ayudando a su padre en el jardín de frutales de detrás de casa, donde Anton Mendel cultivaba nuevas variedades de fruta y tenía panales de abejas. Además, en la escuela tuvo la suerte de contar con un maestro ilustrado, Thomas Makitta, que enseñaba a sus alumnos los principios de las ciencias naturales, así como las principales técnicas de cultivo de las plantas frutales. A la vista de ese entorno rural y relativamente acomodado, Johann parecía destinado de manera natural a suceder a su padre al frente de la granja. Sin embargo, su particular aptitud para las ciencias y algunos acontecimientos trágicos lo llevaron a tomar un camino distinto.

Gracias a las recomendaciones del profesor Makitta, que vio que el joven Mendel tenía mimbres de estudioso, Johann pudo continuar su educación en el instituto de Lipník nad Bečvou y más tarde en Opava. Durante unos años, todo parecía ir viento en popa, hasta que las pérdidas derivadas de una serie de cosechas desastrosas impidieron que los Mendel siguieran sufragando los gastos necesarios para la educación de su hijo. Y como las desgracias nunca vienen solas, en 1838 Anton Mendel se lastimó gravemente mientras trabajaba en el bosque y nunca pudo volver a trabajar como antes. Estos sucesos dejaron una profunda huella en Johann, que cayó en una fuerte depresión (enfermedad que lo acompañaría a menudo a lo largo de la vida) y fue incapaz de estudiar ni trabajar durante más de un año. Una vez reanudados los estudios gracias a la ayuda económica de sus hermanas (Teresa le cedió su dote), en octubre de 1843, a la edad de veintiún años, ingresó en el monasterio agustino de Brno, tomando el nombre de Gregor.

El ingreso en los Agustinos supuso un gran cambio para Mendel: en primer lugar, como él mismo dijo en su autobiografía, porque ya no tendría que preocuparse por sus necesidades materiales, y en segundo lugar porque podría cultivar con mayor intensidad sus dos intereses principales, que eran las leyes de la herencia y el cuidado del prójimo. Dos cosas que, como bien sabía Mendel, no son ni mucho menos tan distintas. De hecho, la comprensión de las leyes de la herencia resultó en la mejora de las condiciones de vida de muchas más personas de las que él habría soñado jamás. En 1848 terminó sus estudios de teología y, en 1851, su gran sueño por fin se hizo realidad: el abad Napp lo invitó a asistir a unos cursos de ciencias en la Universidad de Viena y le proporcionó el dinero necesario para mantenerse en la capital. En el corazón del Imperio austrohúngaro, Johann estudió con el famoso físico Christian Doppler, de quien aprendió los fundamentos de análisis matemático que tan útiles serían para sus investigaciones.

Por fin, en 1853, Johann regresó a Brno y empezó a trabajar como profesor de ciencias en el instituto local. Fueron los años más felices de Mendel. Durante ese tiempo, continuó sus estudios sobre

Fig. 44: *Pisum sativum*, la planta en la que Mendel centró sus estudios (ilustración de O. W. Thomé, 1885).

la herencia de los caracteres en el pequeño jardín del patio del convento y, más tarde, en un invernadero construido a propósito para sus experimentos.

Mendel eligió para sus estudios el guisante común, ya que es una planta autógama (es decir, que se autopoliniza) y posee unos rasgos muy estables. A lo largo de siete años de experimentos Mendel cultivó unas veintiocho mil plantas, y dedicó los dos años siguientes a elaborar los datos recogidos. El resultado fueron las tres generalizaciones que pronto se conocerían como las leyes de la herencia de Mendel: 1) la ley de la uniformidad de los caracteres en la primera generación de híbridos; 2) la ley de la segregación en la segunda generación autógama; y 3) la ley de la transmisión independiente (o ley de la independencia de los caracteres).

Estos eran los experimentos y observaciones que Mendel se disponía a exponer ante su auditorio en la conferencia de 1865. Muchos de los presentes le tenían cierto afecto personal al simpático fraile y lo apreciaban por algunas de sus observaciones como naturalista, por ejemplo, sobre la necesidad de recoger continuamente datos meteorológicos o sobre los métodos de apicultura, pero esa noche les pareció que lo que decía Mendel no tenía sentido. Los presentes lo oían hablar de relaciones numéricas invariables entre híbridos y se miraban perplejos: ¿a cuento de qué venían todas esas matemáticas? ¿Desde cuándo hacía falta tanta complejidad para describir los cruces entre plantas? Mendel acabó emplazando al público para el mes siguiente para exponer la base teórica de sus experimentos. Pero las cosas no salieron como había planeado. El público había sido incapaz de seguir sus finas disquisiciones matemáticas y nadie entendía realmente las implicaciones de lo que acababa de oír. Por las actas sabemos que al final de la conferencia no hubo preguntas ni debate, claro indicio –como sabe todo orador– de falta de interés. Ninguno de los presentes tuvo nada que decir. Nadie consideró que aquel profesor de ciencias hubiera dicho nada reseñable, por lo que aquella extraña conferencia y el simpático fraile obsesionado con la herencia pronto cayeron en el olvido.

Mendel se sintió decepcionado, pero no arrojó la toalla. Sabía que había hecho un descubrimiento fundamental y que algún día llegaría su hora, y así mismo se lo dijo a su amigo Niessl.

Fig. 45: Frailes agustinos de la abadía de Santo Tomás de Brno (1862). Mendel (de pie, penúltimo por la derecha) observa una pequeña rama.

En 1866, los *Experimentos sobre híbridos en las plantas* se imprimieron como parte de las actas de la sociedad. Nada más recibir sus ejemplares, Mendel le envió el trabajo a uno de los biólogos y botánicos más importantes de la época, Carl Nägeli, de la Universidad de Múnich, que no entendió nada. A pesar de las numerosas cartas en las que Mendel intentó hacerle ver la relevancia de sus descubrimientos al distinguido académico, Nägeli siguió sin entender nada; prueba de ello es que nunca lo citó, ni siquiera en los márgenes de alguno de sus innumerables libros o artículos sobre la herencia, lo cual lo ha hecho merecedor de una peculiar dosis de inmortalidad. El nombre de Mendel y su obra pronto quedaron totalmente olvidados. Cuando en 1884 Mendel falleció a consecuencia de una infección renal, el funeral, como correspondía a su rango de abad de la única abadía agustina del mundo, fue espléndido. Leoš Janáček fue el encargado de dirigir el réquiem que había escrito uno de los cofrades, y la iglesia estaba llena a rebosar de personas que lo habían conocido y amado: los cientos de pobres a los que había ayudado, sus innumerables estudiantes de ciencias, sus cofrades... Algunos sentían que habían perdido a un amigo; otros, un punto de apoyo; otros, en fin, a un importante dignatario de la Iglesia; sin embargo, nadie fue consciente de que acababan de perder al creador de la genética (como se la llamaría décadas más tarde) y uno de los mayores científicos de todos los tiempos. Un genio cuyas originales investigaciones siguieron dando abundantes frutos a la humanidad y seguirán haciéndolo aún más en un futuro próximo. Marzo de 2013, Oxford, Reino Unido. Uno de los amplios salones de la universidad está repleto de periodistas. Enviados de los principales periódicos y expertos de numerosos países esperan a que comience la rueda de prensa convocada por la universidad. En el estrado se encuentra el rector, junto con los coordinadores de un proyecto en el que han participado miles de investigadores del Centro Wellcome de Genética Humana de la Universidad de Oxford. Están emocionados, como lo estaba hace un siglo y medio antes, en su escuela de Brno, el padre Gregor Johann Mendel, cuyos experimentos con guisantes han sido la base de la presentación que está a punto de tener lugar. Se trata de un paso histórico en las terapias antitumorales. Gracias a las últimas técnicas de secuenciación del ADN, la sanidad británica ha diseñado un test multigénico (el primero capaz de detectar las mutaciones en cuarenta y seis genes en células cancerosas) que será crucial para determinar el tipo de tratamiento personalizado que requiere cada paciente.

La cura definitiva del cáncer se halla cada vez más cerca. Gracias a los científicos de Oxford y gracias a los estudios del abad Mendel.

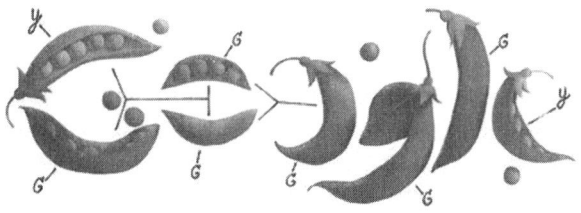

Fig. 46: Logotipo de la página de Google del 20 julio de 2011, en conmemoración del 189.º aniversario del nacimiento de Mendel, con vainas y semillas de guisante.

Fig. 47: Johann Wolfgang von Goethe (1749-1832).

X

En busca de la estructura arquetípica
Johann Wolfgang von Goethe, el último hombre universal

Según la opinión común, la ciencia y la poesía encarnan dos nobles actividades del pensamiento humano completamente antitéticas. La ciencia –objetiva, analítica y cuantitativa– no puede permitirse hacer concesiones a la creación libre y fantástica propia de la poesía sin desvirtuar irremediablemente su propia identidad. Pero la cuestión no es tan sencilla y, sobre todo, no parece funcionar en ambos sentidos. Me explico. Mientras que el científico debe ser también en parte poeta –de hecho, solo a través de la capacidad creativa (poiética) podemos imaginar el proceso creativo de la naturaleza–, el poeta, debido a su visión libre y subjetiva de la realidad, suele considerarse poco apto para el trabajo científico. Así, mientras que físicos de la talla de Werner Heisenberg aseguran que no puede haber ningún gran científico que no sea también poeta, todos los poetas que desde la Ilustración se han aventurado a escribir sobre ciencia han sido vistos como diletantes que se entregan a un divertimento y, como tales, tratados con despectiva condescendencia por la comunidad científica. Sin embargo, hay al menos un poeta –¡y qué poeta!– cuya contribución al mundo de la ciencia fue tan decisiva que nos demuestra lo ridículo de semejante prejuicio. Estamos hablando de Johann Wolfgang von Goethe.

A principios del siglo XIX, Goethe (Fráncfort del Meno, 28 de agosto de 1749-Weimar, 22 de marzo de 1832) se describía modestamente a sí mismo como «un hombre de mediana edad con cierta reputación como poeta». En realidad, era sin duda alguna el artista vivo más famoso. En 1831 lo encontramos enfrascado en la reescritura de un ensayo sobre la historia de sus estudios botánicos cuyo primer borrador databa de 1817. La tesis de fondo de ese ensayo era cualquier cosa menos modesta. De hecho, Goethe afirmaba que sus estudios botánicos habían transformado la historia de la ciencia. Pero ¿en qué consistían tales estudios y por qué Goethe estaba tan convencido de su importancia? Empecemos por el principio. El amor de Goethe por la ciencia nació de forma precoz. Con solo quince años inició los estudios de leyes, primero en Leipzig y luego en Estrasburgo, donde alternó las clases de derecho con las de humanidades y materias científicas. Frecuentó con pasión cursos de anatomía, física, química, geología y, por supuesto, su querida botánica. Estudió algunos de los libros fundamentales de Linneo –*Fundamenta botanica* (1736), *Philosophia botanica* (1751) y *Termini botanici* (1762)– y quedó tan impresionado por ellos que declaró: «Confieso que, aparte de Shakespeare y Spinoza, el autor que más me ha influido es Linneo».

En 1786 emprendió su primer viaje a Italia, que duraría dos años, durante los cuales el estudio del arte y las antigüedades no lograron apartarlo de su amor por la botánica. Visitó los jardines botánicos más famosos de Italia, desde Padua hasta Palermo, en busca de la *Urpflanze*, la planta arquetípica de la que habrían surgido todas las demás. Mientras paseaba por el Jardín Botánico de Palermo en abril de 1787, escribió:

Las numerosas plantas que estaba acostumbrado a ver solo en cajones y en macetas, incluso la mayor parte del año detrás de cristales, aquí están alegres y frescas al aire libre, y en tanto que cumplen la perfección de su destino, se nos hacen más completas [...]. A lo mejor sería capaz de descubrir bajo esta multitud de variedades la planta primigenia. ¡Es forzoso que exista! ¿Cómo reconocería yo que esta o aquella forma es una planta si no estuvieran todas hechas de acuerdo con el mismo modelo?

También se dedicó a recoger especímenes en los campos y cuenta que una noche se despertó en la habitación de su hotel con el estallido de unas cápsulas de acanto que guardaba en una caja y que, con en el aire seco de la habitación, habían alcanzado el punto de maduración y habían explotado, esparciendo semillas por todas

Fig. 48: Goethe en la campiña romana, según un lienzo al óleo de Johann H. W. Tischbein (1787).

partes. Para Goethe, el viaje a Italia fue crucial, no solo para entrar en contacto directo con el gran arte, sino también porque, en el clima cálido del sur, las plantas se dejaban ver a simple vista: «Mucho de lo que antes solo podía conjeturar en casa con la ayuda del microscopio puedo verlo por fin aquí a simple vista y con indudable certeza».

A su regreso a Alemania, en 1790, Goethe publicó *La metamorfosis de las plantas*, un breve opúsculo que no suscitó demasiado interés entre la comunidad científica, en parte porque quien lo firmaba era un autor sin suficiente autoridad académica –en una época en la que la ciencia era cada vez más un asunto de especialistas– y en parte porque muchos consideraban que las ideas allí expuestas no revestían ninguna relevancia científica. Dos reparos que se demostraron infundados: la redacción del texto no tenía nada de retórico ni literario, y en él no había alusiones a circunstancias especiales ni experiencias subjetivas. Al contrario, Goethe empleaba un estilo llano y sencillo, con un tono neutro de observador

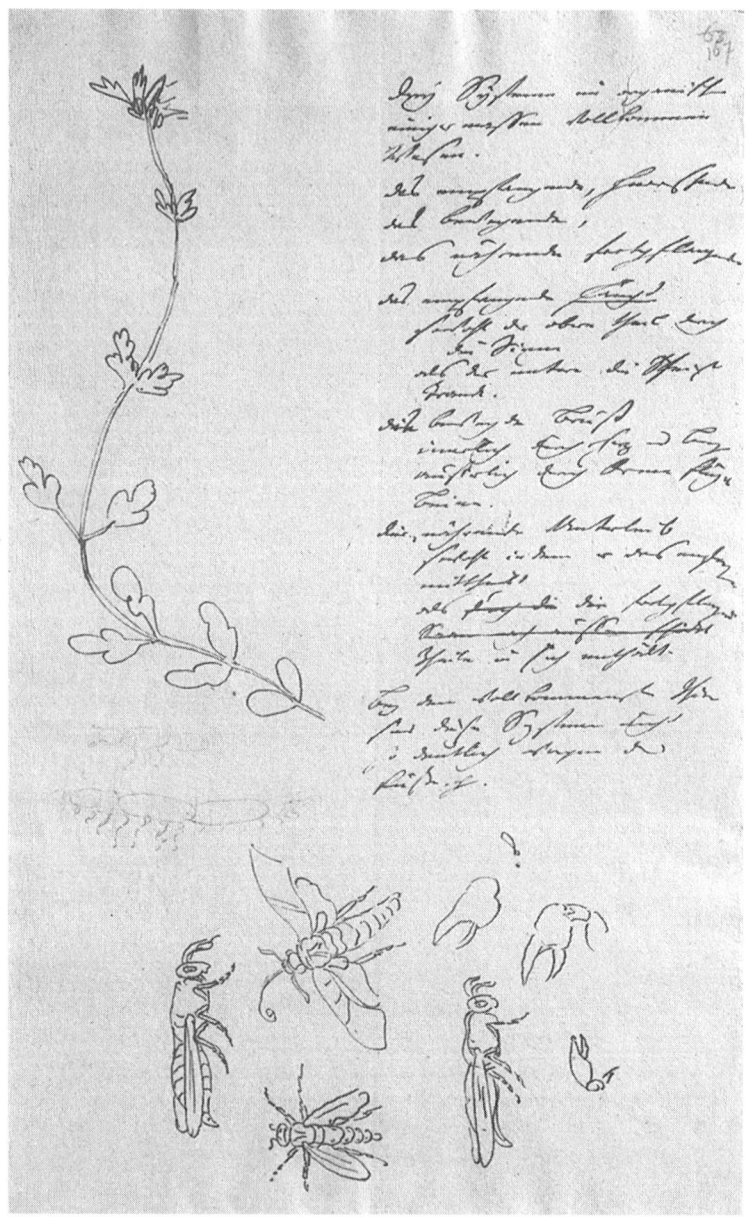

Fig. 49: Apuntes de Goethe relativos a sus estudios de morfología (1817).

científico que rara vez encontramos en los estudios botánicos de la época.

Sin embargo, es el contenido de la obra lo que convierte *La metamorfosis de las plantas* en un hito en la historia de la botánica. La idea fundamental es que una planta se compone de una serie de elementos anatómicos que pueden remontarse a un único elemento primigenio, el cual, a través de sucesivas modificaciones («metamorfosis»), da lugar a las numerosas estructuras de la planta. Goethe sostenía que «las plantas o, si se quiere, los árboles, que sin embargo se nos presentan como individuos, se componen en realidad de partes iguales y similares entre sí, no cabe duda de ello: basta pensar en cuántas plantas se multiplican por retoños». A su entender, ese elemento primordial podía identificarse con la hoja: «*Alles ist Blatt*» («todo es hoja»). A partir de la metamorfosis de esa hoja única, se originarían los pétalos y los sépalos, los estambres y el ovario, las ramas y el resto de las estructuras de la flor. Se trataba de una intuición genial que se vería confirmada en varias ocasiones a lo largo del siglo siguiente y que reaparecería una y otra vez en diferentes ámbitos de la historia de la botánica.

Para Goethe, todas las formas de vida, no solo las plantas, debían ser estudiadas hasta que el ojo experto fuera capaz de describir la forma fundamental que, a través de sucesivas modificaciones, acababa configurando la totalidad del organismo. No se trataba de una especulación filosófica, como sugirieron algunos, sino de un verdadero método científico de comparación anatómica al que Goethe pondría el afortunado nombre de «morfología». Una disciplina que, en el designio de Goethe, estaba estrechamente ligada a la experiencia artística, ya que en rigor solo podía hablarse de morfología a través de la búsqueda del momento sintético, propio del arte, en el que el investigador ya no disecciona ni descompone, sino que busca el objeto completo: «En el proceso del arte, de la ciencia y de la filosofía podemos encontrar diversas tentativas de crear y desarrollar una disciplina que nos gustaría llamar "morfología"».

La morfología consistía, pues, en el estudio de los caracteres fenotípicos de los organismos vivos, tanto animales como vegetales; tenía como objeto las estructuras fundamentales que los componen, así como sus relaciones, y permitía comparar especies diferentes mediante la identificación de elementos útiles para su clasificación y filogenia. Pronto se vería lo fructífero que podía ser el método morfológico para el desarrollo del conocimiento. Mediante la comparación morfológica, Goethe llevó a cabo tres importantes descubrimientos científicos: el origen foliar de las diferentes estructuras de la flor, el origen del cráneo a partir de la transformación de las vértebras y, por último, la existencia del hueso intermaxilar en el cráneo humano; tanto es así que la sutura correspondiente, situada entre el canino y el segundo incisivo, acabó recibiendo el nombre oficial de *sutura incisiva goethei*.

La idea fundamental que se desprende del conjunto de la obra científica de Goethe tiene que ver con la existencia de un plan único de organización de la vida, según el cual todas las estructuras y funciones de los seres vivos pueden representarse como variaciones de un único esquema: todos los organismos vivos se constituyen a partir de una misma sustancia básica (el protoplasma) y se componen de células (la teoría celular, como elemento básico de la vida) que siempre tienen la misma estructura y cuyas funciones son esencialmente las mismas en animales y plantas. Como dijo el naturalista escocés D'Arcy Thompson, autor del fundamental ensayo *Sobre el crecimiento y la forma*:

> El biólogo, como el filósofo, aprende a reconocer que el todo no es meramente la suma de las partes. Es eso y mucho más que eso. Pues no se trata de una amalgama de partes, sino de una organización de partes interrelacionadas, encajadas las unas con las otras según lo que Aristóteles llamó «un único e indivisible principio de unidad»; y esto no es una mera concepción metafísica, sino que en biología es la verdad fundamental que subyace a la ley de la «compensación» [...] de Goethe.

El interés de Goethe por la transformación, la metamorfosis que a partir del modelo básico es capaz de crear infinitas modificaciones, también dio pie a la idea de un Goethe evolucionista *ante litteram*, una especie de profeta de la evolución que muchos han comparado con Darwin, cosa que indignó a Nietzsche, quien escribió: «Poner a Darwin al lado de Goethe es delito de lesa majestad, *majestatem genii*».

Lo que está claro es que el legado de Goethe en la botánica, como en otros campos de la ciencia, fue enorme y no podemos por menos de estar de acuerdo con lo que de él dijo George Eliot: «Goethe fue el último hombre universal que caminó sobre la tierra».

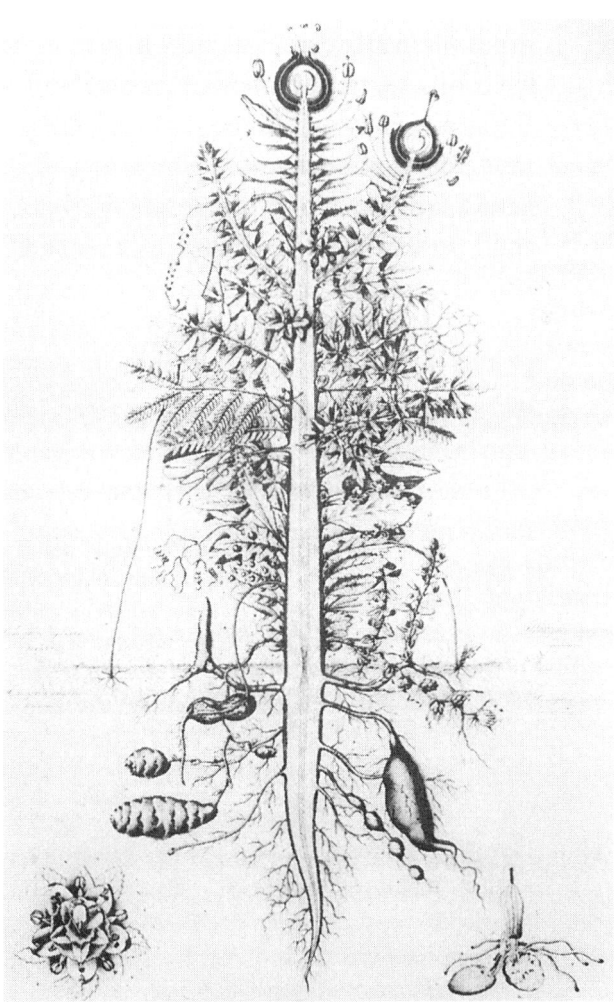

Fig. 50: Representación de la planta arquetípica en un grabado en madera de Pierre Jean François Turpin.

Fig. 51: Jean-Jacques Rousseau (1712-1778).

XI

Divulgar la botánica

El literato y filósofo Jean-Jacques Rousseau

Hace tres siglos, el 28 de junio de 1712, nacía en Ginebra Jean-Jacques Rousseau, uno de los mayores pensadores europeos del siglo XVIII, cuyas obras políticas, sociales y filosóficas inspiraron a los adalides de la Revolución francesa e influyeron profundamente en la generación romántica.

La vida de Rousseau, con sus constantes viajes, desventuras, peleas, amores y oficios, parece la ilustración perfecta de lo que imaginamos que debe ser la vida de un artista. Hijo de Suzanne Bernard, que falleció de fiebre puerperal a los pocos días de dar a luz, Jean-Jacques Rousseau se quedó solo a los diez años, cuando su padre Isaac, un modesto relojero calvinista, huyó de Ginebra a raíz de una disputa y confió su hijo al hermano de su esposa, quien a su vez lo envió interno con el pastor de la aldea de Bossey, donde recibió los rudimentos de una educación formal.

En 1724, a la edad de doce años, Jean-Jacques regresó a Ginebra y se instaló con su tío. Empezó a trabajar como aprendiz, primero con un notario y después con un grabador. En 1728, con dieciséis años, un día se encontró las puertas de la ciudad cerradas al regreso de un paseo, en vista de lo cual decidió abandonar Ginebra y emprender un interminable vagabundeo. Se dirigió primero a Annecy, donde se alojó con madame Françoise-Louise de Warens; entre 1728 y 1731, trabajó como criado en Gouvon; después, regresó a Annecy y retomó su vagabundeo por Nyon, Friburgo, Lausana, Vevey y, finalmente, Neuchâtel, donde dio clases de música. En Boudry hizo de intérprete de un falso archimandrita con el que visitó Friburgo, Berna y Soleure, hasta que se descubrió que el hombre era un impostor. En París trabajó como tutor, tras lo cual se

Fig. 52: Vista de la Place du Molard de Ginebra, en una acuarela de Christian
Gottfried Geissler (1794).

trasladó a Lyon y más tarde a Chambery –una vez más bajo la protección de *madame* De Warens, de quien acabaría siendo amante–,
donde a partir de 1732 se desempeñó como intendente y profesor
de música. ¡Y aún no había cumplido veinte años!

Durante los cuarenta años siguientes, la tónica fue la misma y el
ritmo de los desplazamientos no disminuyó hasta 1777, año en que
se instaló en Ermenonville como invitado de su fiel amigo el marqués René-Louis de Girardin. Allí falleció al regreso de un paseo,
probablemente a causa de un infarto, hacia las once de la mañana
del 2 de julio de 1778.

Rousseau comenzó a interesarse por la botánica en 1760, durante una de sus numerosas estancias en su Suiza natal, gracias a la
amistad que mantenía con el botánico Jean-Antoine d'Ivernois,
quien le dio a conocer el nuevo sistema de clasificación de las plantas que Linneo había presentado en su *Systema naturae*, de 1735.
Rousseau se convirtió enseguida en un estudioso apasionado de las
plantas procedentes de exploraciones en tierras lejanas o recogidas
y organizadas en herbarios; él mismo llevó a cabo, a menudo por su
cuenta, verdaderas expediciones botánicas por Suiza, Inglaterra y

Francia, reuniendo cientos de especies en herbarios y describiéndo-
las con detalle. La botánica se convirtió en uno de los principales
placeres de la vida de Rousseau. En 1765 escribía: «Estoy loco por
la botánica, y cada día es peor. Ya no tengo paja solo en la cabeza,
sino que cualquier día de estos yo mismo me convertiré también en
planta. Ya estoy echando raíces en Motiers».[1]

En *Las ensoñaciones del paseante solitario*, reflexiona sobre los
placeres inherentes al estudio de la botánica:

> La botánica es el estudio de un ocioso y perezoso solitario: un pico y
> una lupa son todo el instrumental que ha menester para observarlas
> [las plantas]. Se pasea, vaga libremente de un objeto a otro, examina
> cada flor con interés y curiosidad, y no bien comienza a captar las leyes
> de la estructura, gusta de observarlas con un placer sin fatigas, tan vivo
> como si le costara mucho. Hay en esta ociosa ocupación un encanto
> que no se encuentra más que en plena calma de las pasiones pero que
> basta por sí solo, en ese caso, para hacer la vida feliz y dulce.[2]

Entre 1771 y 1774, Rousseau redactó un sorprendente curso de
botánica en forma epistolar para Madelon Delessert, hija de una
conocida suya, Madeleine-Catherine Delessert. La señora Delessert, que solo le había pedido un catálogo de plantas para su hija,
recibió de Rousseau una introducción a la anatomía de las plantas
—en la que ilustraba las semejanzas y diferencias entre seis familias
comunes de plantas con flor—, las instrucciones necesarias para elaborar un herbario y, finalmente, un hermoso herbario con ciento
sesenta y ocho especies diferentes que Rousseau había reunido
adrede para Madelon.[3]

Publicadas de forma póstuma en 1784 y traducidas a numerosos
idiomas, las *Cartas sobre botánica* fueron todo un acontecimien-
to literario y se convirtieron a efectos prácticos en el primer libro
de divulgación sobre esta materia. Las familias de plantas aparecían

1. Carta de Rousseau a François-Henri d'Ivernois, 1 de agosto de 1765.
2. J.-J. Rousseau, *Las ensoñaciones del paseante solitario*, trad. Mauro Armi-
ño, Madrid, Alianza, 1979, p. 113.
3. El herbario se conserva en el Museo Rousseau de Montmorency (Francia).

descritas sin tecnicismos, en un lenguaje sencillo y comprensible por todo el mundo. Veamos, por ejemplo, un pasaje de la carta que describe las familias de las labiadas o lamiáceas y las escrofulariáceas:

Entre las monopétalas irregulares hay una familia cuya fisonomía está tan marcada que los miembros se distinguen fácilmente por su aspecto. Es aquella a la cual se le da el nombre de flores en hocico, porque sus flores están hendidas formando dos labios cuya abertura, ora natural, ora producida por una ligera presión de los dedos, les da el aspecto de un hocico abierto. Esta familia se subdivide en dos secciones o linajes: una, la de las flores en labios o *labiadas*; la otra, la de las flores en máscara o *personadas*; pues la palabra latina *persona* significa «máscara», nombre que conviene bien a la mayoría de la gente que lleva entre nosotros el de *personas*. La característica común a toda la familia no es solo la de tener la corola monopétala y, como he dicho, hendida en dos labios o belfos, uno superior llamado *casco*, otro inferior llamado *barba*, sino tener cuatro estambres casi en una misma fila, distinguidos en dos pares, uno más largo y el otro más corto. La inspección del objeto os explicará mejor estos rasgos de lo que puede hacerlo el discurso.[1]

O este, a propósito de las umbelíferas o apiáceas:

Imaginad un largo tallo bastante recto provisto alternativamente de hojas por lo ordinario recortadas y bien menudas, que abrazan por su base ramas que salen de sus axilas. Del extremo superior de este tallo parten como de un centro varios pedículos o radios que, separándose circular y regularmente como las varillas de un parasol, coronan este tallo en forma de vaso más o menos abierto [...]. Cada uno de estos radios o pedículos está rematado en su extremo, no por una flor aún, sino por otro orden de radios más pequeños que coronan cada uno de los primeros precisamente como estos primeros coronan el tallo. He aquí, pues, dos órdenes parecidos y sucesivos: uno de grandes radios

1. Carta de Rousseau a Mme. Delessert, 19 de junio de 1772 (J.-J. Rousseau, *Cartas sobre botánica*, trad. Fernando Calderón, Oviedo, KRK Ediciones, 2007, pp. 140-141).

que rematan el tallo; el otro de pequeños radios similares que rematan cada uno de los grandes. Los radios de los pequeños parasoles ya no se subdividen, pero cada uno de ellos es el pedículo de una pequeña flor de la que hablaremos enseguida. Si podéis formaros la idea de la figura que acabo de describiros, tendréis la disposición de las flores de la familia de las umbelíferas o porta-parasol: pues la palabra latina *umbella* significa «parasol».[1]

El lenguaje de Rousseau, que no adopta términos técnicos y hace que las descripciones sean inmediatamente comprensibles, es revolucionario si se compara con los tratados botánicos de la época. Gracias a las *Cartas*, la botánica se convirtió por primera vez en una ciencia accesible al gran público; las *Cartas* fueron el libro con el cual muchos botánicos ilustres de las generaciones siguientes –Goethe entre ellos– entraron en contacto con el mundo de las plantas. El propio hijo de Mme. Delessert, Benjamin Delessert, bajo la influencia de las cartas de Rousseau, reunió un enorme herbario que todavía hoy constituye la base del herbario del Jardín Botánico de Ginebra.

La influencia de Rousseau no se limitó a la botánica, sino que se extendió a terrenos tan lejanos como el arte de la jardinería. La descripción del Elíseo que hace Rousseau en *Julia, o la nueva Eloísa* (1761) muestra el jardín ideal como un nuevo Edén. El autor solo aceptaba los principios del jardín anglo-chino, ya que coincidían con los suyos: asimetría, líneas curvas, apariencia de naturalidad. Aunque a menudo se ha dicho que el Elíseo era de estilo inglés, en realidad Rousseau desarrolló un estilo propio que se ceñía estrictamente a la naturaleza, en detrimento de las estructuras costosas, las «locuras» arquitectónicas y las modificaciones del terreno, y en favor de un jardín de bajo mantenimiento, compuesto únicamente por plantas autóctonas. Así describe el Elíseo:

Este lugar es encantador, es cierto, pero agreste y abandonado; no veo en él la mano del hombre. Ha cerrado la puerta; el agua ha venido no sé cómo; la naturaleza ha hecho el resto; y ni usted misma hubiera he-

---

1. Carta de Rousseau a Mme. Delessert, 16 de julio de 1772 (Rousseau, *Cartas*, pp. 152-153).

Fig. 53: Ilustración proveniente de la edición de las *Obras completas* de Jean-Jacques Rousseau en la que el filósofo enseña a un niño los principios para cuidar un jardín en Ermenonville.

cho nada mejor [...]. Me puse a recorrer extasiado este huerto transformado, y no encontré ninguna planta exótica, ni productos de las Indias; encontré las plantas de la región, dispuestas y reunidas de tal manera que producían un efecto más alegre y más agradable [...]. Se veían brillar mil flores salvajes, entre las que vi, con sorpresa, alguna de jardín [...]. En los lugares más abiertos, se veían aquí y allá, sin orden y sin simetría, zarzales de rosas, de frambuesas, de grosellas, manojos de lilas, de castaño, de saúco, de seringa, de retama, de trébol.[1]

1. J.-J. Rousseau, *Julia, o la nueva Eloísa*, trad. Pilar Ruiz, Tres Cantos, Akal, 2007, pp. 516-517.

A diferencia del jardín inglés, el Elíseo es un espacio cerrado en el cual es posible refugiarse del mundo. Vale la pena recordar que la idea del jardín de Rousseau sobrevivió al autor, inmortalizada no solo en las palabras que describen el Elíseo en *Julia, o la nueva Eloísa*, sino también en la práctica, en el parque de Ermenonville, donde Rousseau recibió sepultura en julio de 1778. La Île des Peupliers («isla de los álamos»), el lugar donde lo enterraron, representa ese espacio cerrado (en este sentido, qué mejor que una isla) que, como un deseo recurrente, aparece en muchas de las obras de Rousseau, desde *La nueva Eloísa* hasta *Las ensoñaciones del paseante solitario*.

El marqués de Girardin, creador del parque y amigo de confianza de Rousseau, ateniéndose a las ideas de este en lo tocante al diseño de parques, escribió el tratado *De la composition du paysage (Sobre la composición del paisaje)* (1777), en el que se oponía tanto a los jardines de estilo clásico francés como a los de estilo inglés, y se mostraba partidario de lo local y lo rústico frente a lo exótico.

Quién sabe qué habría pensado Rousseau si hubiera sabido que sus restos, dieciséis años después de su muerte, habían de ser trasladados al Panteón de París.

Huyendo de sus detractores, sobre todo de Voltaire, que ahora descansa a pocos metros de él, en los últimos años de su vida Rousseau se había refugiado en el estudio y la contemplación de la naturaleza. La observación de las plantas se había convertido en una ocupación que lo consolaba de su condición de ermitaño. Entre las plantas, logró atemperar sus ideas y sentimientos y encontró la serenidad. Rousseau hablaba del poder lenitivo de las plantas sobre el alma, como anticipándose a las modernas ideas sobre la hortoterapia. Sentía por ellas un afecto genuino, como el que se tiene por los amigos. Llegó a criticar a quienes se interesaban por las plantas buscando en ellas una utilidad ajena a la alimentación, como los farmacéuticos, que las veían como depósitos de principios farmacológicos, o los profesores de botánica, que las estudiaban para dar lustre a sus conocimientos, pero que, pese a dedicar toda la vida a su estudio, eran incapaces de apreciarlas por sus extraordinarias cualidades intrínsecas. A todos los hombres, en definitiva, que en su opinión no amaban las plantas.

Fig. 54: Charles Harrison Blackley (1820-1900).

XII

El descubrimiento de la alergia al polen
Charles Harrison Blackley,
el hombre con centeno en el sombrero

A lo largo de la vida, todo el mundo ha tenido algún contacto con la alergia al polen, ya sea por experiencia directa o por conocer a alguien que la padece. Las cifras no dejan lugar a dudas: la llamada fiebre del heno afecta a entre el 2 y el 15 % de toda la población mundial. Goteo nasal, congestión, estornudos, asma, opresión en el pecho... Durante siglos, las verdaderas causas de estos síntomas tan comunes fueron desconocidas o se relacionaron con factores como el calor, el frío, la predisposición nerviosa, el polvo, el sol, la humedad, el ozono o causas aún más fantasiosas, como la clase social o la educación. Ese desconocimiento se prolongó hasta 1880, cuando, gracias a una singular y tenaz serie de experimentos, un excéntrico médico homeópata inglés, Charles Harrison Blackley, demostró que el polen era la causa de todo. Esta es la historia de su descubrimiento.

Se dice que la primera persona conocida que sufrió la fiebre del heno fue el ateniense Hipias, el traidor que murió en Maratón tras guiar a la flota persa hasta el lugar donde se libró la legendaria batalla ganada por Atenas. En todas las crónicas antiguas aparecen narraciones anecdóticas de los síntomas de la fiebre del heno. Sin embargo, para encontrar la primera descripción fiable de la enfermedad hay que esperar hasta Abu Bakr Muhammad ibn Zakariya al Razi, más conocido por su nombre latino, Rhazes, o simplemente como Al-Razi (Ray, 865-930), quien escribió al respecto en un texto que lleva el sugestivo título de *Sobre las razones por las que la cabeza de las personas se hincha cuando las rosas florecen y produce flemas*.

En 1818, el eminente médico William Heberden (1773-1845) describió un tipo de catarro crónico: «He conocido a cuatro o cinco personas en las que esta dolencia se repite todos los años en los meses de abril, mayo, junio o julio, y dura un mes con gran virulencia».

Pero el mérito de la primera descripción detallada de la fiebre corresponde a John Bostock (1773-1846), quien en 1819 la describió como una dolencia recurrente que él mismo venía sufriendo desde hacía más de veinte años. La enfermedad se manifestaba como «una afección periódica de los ojos y el pecho» que empezaba «hacia mediados de junio de cada año» y que, «generalmente, aunque no siempre», podía deberse «a alguna causa desencadenante, entre las que se encuentran ciertamente un periodo de calor húmedo, la luz intensa, el polvo u otras sustancias que se introducen en los ojos, y cualquier circunstancia que provoque un aumento de la temperatura».

En 1829, Bostock publicó más información sobre la enfermedad: la llamó *catarrhus aestivus* y señaló que solo se manifestaba en personas pertenecientes a las «clases medias y altas de la sociedad, algunas de ellas de muy alto rango». Dicho de otro modo, quien lograra encontrar un remedio tendría una clientela numerosa y acaudalada dispuesta a pagar generosamente para que la curasen. La apuesta, en términos económicos, era alta y la competencia estaba servida.

De forma parecida a como hoy en día laboratorios de todo el mundo compiten por ser los primeros en identificar el agente responsable de las nuevas enfermedades infecciosas, también entonces, en la segunda mitad del siglo XIX, empezó una competencia feroz para identificar la causa y, a poder ser, el remedio de la llamada fiebre del heno. La cuestión dio mucho de sí.

En 1869, un médico llamado Helmholtz publicó su teoría de la fiebre del heno, según la cual la causa debía buscarse en un vibrión que, pese a hallarse presente todo el año en las fosas nasales y los senos paranasales (los de la sinusitis, para entendernos), solo entraba en acción con el calor del verano. Afirmó también que había encontrado una cura eficaz y un buen método de prevención en las inyecciones de quinina, sustancia que recientemente se había comprobado que podía matar a los «infusorios», es decir, los microorganismos que se desarrollaban en las infusiones de plantas, identificados por primera vez en el agua estancada por Anton van Leeuwenhoek en 1676.

"It tickled my nose like a straw, and made me sneeze violently."

Fig. 55: Ilustración de *Los viajes de Gulliver* (1726), de Jonathan Swift, en la que los liliputienses le provocan un tremendo estornudo al protagonista, atado de brazos y pies, introduciéndole una pica en las fosas nasales.

En 1870, un tal doctor Roberts propuso algo mejor. En un breve ensayo, afirmó haber sido el primero en observar que la frialdad excesiva de la punta de la nariz era el principal síntoma de la fiebre del heno y exigía que se le reconociera el mérito de tan notable descubrimiento. En fin, que cada cual decía la suya, pero nadie aportaba ninguna prueba experimental.

Había consenso en que las causas que predisponían a la enfermedad obedecían a cierta idiosincrasia; lo que nadie sabía era en qué podía consistir: en una anomalía estructural de las mucosas, en algún problema relacionado con las terminaciones nerviosas, etc. Lo que era evidente era que, a pesar de que millones de personas estaban expuestas a la causa de la enfermedad, fuera cual fuese, solo un pequeño porcentaje acababa desarrollando los síntomas. Y lo que sí se sabía, además, era que la enfermedad surgía sin motivo aparente y que, una vez contraída, rara vez desaparecía. Al contrario, la predisposición parecía aumentar cada verano. Los factores de predisposición parecían ser la raza, la temperatura, la educación y el sexo. La influencia de la raza venía determinada por el hecho de que, según los primeros estudios serios sobre la propagación de la enfermedad, parecía que los ingleses y los americanos eran los únicos que padecían la fiebre del heno. En el norte de Europa, en Noruega, Suecia y Dinamarca, no existían testimonios de semejante trastorno, que por lo visto tampoco afectaba casi nunca a los nativos de Francia, Alemania, Rusia, Italia o España. Incluso en Asia y en África eran solo los residentes británicos quienes parecían sufrirlo. Como confirmación de la importancia del factor racial, se aducía que en Nueva York, donde la fiebre del heno aparecía puntualmente cada año, nunca se registraban síntomas de la enfermedad en personas de nacionalidad alemana, francesa o italiana. En definitiva, para aquellos primeros estudiosos, la fiebre del heno era un asunto exclusivo del mundo anglosajón y, por consiguiente, algo relacionado con la civilización. La idea caló tan hondo que padecer la fiebre del heno pronto se convirtió en un signo de distinción, una etiqueta de la cual alardear, como la hemofilia entre las casas reales. Esa imagen de patología elitista se vio reforzada por la idea de que, además, afectaba de forma casi exclusiva a personas con cierta educación y de alta extracción social, y por el hecho de que los habitantes de la ciudad parecían mucho más propensos a padecerla que quienes vivían en el campo.

Fue durante ese periodo en que las confusas observaciones sobre la etiología y el desarrollo de la enfermedad se sucedían a un ritmo vertiginoso cuando el doctor Blackley se convirtió en el protagonista de nuestra historia.

Charles Harrison Blackley nació en Bolton, Inglaterra, el 5 de abril de 1820. Allí, a edad muy temprana, empezó a trabajar como impresor y luego como grabador de placas de metal. Pero su pasión era otra: desde muy joven se sentía atraído por la naturaleza y sus misterios, había estudiado botánica y química, y había aprendido de forma autodidacta los rudimentos de la microscopía. En 1855, a la edad de treinta y cinco años, renunció a su carrera, ya encauzada, como grabador y viró hacia la medicina. Estudió con provecho y tres años después, en 1858, ya estaba establecido como médico homeópata en Mánchester, listo para afrontar los largos años de experimentos que culminarían con la publicación en 1873 de un libro titulado *Experimental researches on the causes and nature of catarrhus aestivus (Investigaciones experimentales sobre las causas y la naturaleza del catarrhis aestivus [fiebre del heno o asma del heno])*, del que en 1880 aparecería una segunda edición con el título de *Hay Fever: Its Causes, Treatment, and Effective Prevention (La fiebre del heno: causas, tratamiento y prevención)*.

El trabajo del investigador se ha comparado a menudo con el del detective, pero este símil nunca ha sido tan certero como en el caso de Blackley. Charles Harrison Blackley, en efecto, parece salido directamente de la pluma de Arthur Conan Doyle: un Sherlock Holmes de la medicina, más afable que el inquilino de Baker Street, pero también mucho mucho más excéntrico. Que ya es decir. Empezando por el aspecto: las pocas imágenes que tenemos de él nos muestran a un hombre de rostro inquieto, calvo, con una gran nariz y una sotabarba –a medio camino entre Lincoln y un joven Aleksandr Solzhenitsin– que parece haber sido muy popular en el Lancashire de mediados del siglo XIX.

Pero la verdadera originalidad de Blackley no residía en su apariencia, o no solo en eso, sino en su forma de razonar, analítica a la par que intuitiva, así como en una inclinación a la investigación científica que le permitiría idear las muchas y muy creativas soluciones necesarias para resolver «el caso de la fiebre del heno».

Al igual que Holmes, Blackley también parecía creer que «una vez eliminado lo imposible, lo que queda, por improbable que sea, tiene que ser la verdad» y, uno a uno, iba tachando metódicamente a los numerosos sospechosos. Su punto de partida fue una detallada lista extraída de la obra del doctor Philipp Phoebus (1804-1880), profesor de medicina en la Universidad de Giessen, que en 1858 había llevado a cabo un sondeo entre sus colegas sobre las posibles causas, los síntomas y los eventuales remedios para la fiebre del heno. Los resultados, extrapolados a partir de la información recibida, se habían publicado tres años después y representaban el mayor compendio de saber acerca de esa materia.

Con método y paciencia, Blackley, como todo buen investigador, fue eliminando las causas imposibles, empezando por lo más evidente. El calor y la luz gozaban del favor del gran público como principales sospechosos. Desde el principio, el saber popular había asociado la fiebre del heno con los misteriosos efluvios emitidos por la hierba y el heno por efecto del calor solar. Phoebus, por su parte, atribuía la enfermedad a «los primeros calores del verano», que, según él, eran «una causa más fuerte que todas las emanaciones de la hierba juntas». Para Blackley, descartar el calor de la lista de sospechosos no entrañaba ninguna dificultad: si el calor por sí solo era suficiente para producir la enfermedad, ¿cómo podía ser que no hubiera testimonios de la fiebre del heno en regiones del mundo mucho más cálidas? Y, sobre todo, ¿por qué no se declaraban casos de fiebre del heno a bordo de los barcos de la marina inglesa que navegaban por las tórridas regiones de los mares tropicales? Además, en América la enfermedad era mucho más frecuente en otoño que en verano. En pocas palabras, el calor por sí solo no podía ser una explicación válida.

El mismo razonamiento era aplicable, al menos en parte, a la luz, que según el célebre Phoebus ejercía una clara influencia sobre la manifestación de la enfermedad. Blackley encontró incoherencias flagrantes también a este respecto. ¿Cómo se explicaba, por ejemplo, que en las regiones con periodos de luz más largos –las llamadas tierras del «sol de medianoche»– el fenómeno fuera prácticamente desconocido? Y, una vez más, ¿cómo podía ser que los viajes por mar se consideraran la mejor garantía para los enfermos de fiebre del heno, cuando ya se sabía que el mar es donde el sol resplandece con más fuerza? Por lógica, también la luz debía excluirse de la lista de sospechosos.

Una vez eliminados los agentes menos plausibles, Blackley centró su atención en los candidatos más verosímiles, como el ácido benzoico, la cumarina, aromas de distinto tipo, el ozono y el polvo. Para ello, decidió probar los efectos de esos agentes en su propio organismo. Empezó con el ácido benzoico, «exponiendo el ácido a evaporación a temperatura ambiente e inhalando sus vapores o aplicando una solución acuosa o alcohólica de dicho ácido sobre las mucosas nasales». Incurriendo en las iras de su esposa, selló una de las habitaciones de su casa y puso a evaporar en su interior una solución de ácido benzoico. Transcurridas diez horas, entró en la habitación y durante un par de horas respiró las emanaciones del ácido. Blackley repitió el experimento tres veces en otros tantos momentos del año. Para que no se dijera que no lo había intentado todo, hasta empapó pequeñas tiras de lino en diferentes soluciones de ácido benzoico (acuosa, a alta temperatura, alcohólica) y experimentó los efectos introduciéndose, durante al menos una hora, las pequeñas tiras de lino en una de las fosas nasales; en la otra fosa, a modo de control, se introducía otra tira sin ácido benzoico. La solución alcohólica le provocó cierta sensación de ardor, pero nada comparable a los síntomas de la fiebre del heno. Animado por aquellos primeros resultados, Blackley siguió experimentando con cumarina y otras sustancias vegetales olorosas. Sus métodos se volvieron cada vez más audaces. Haciendo caso omiso de su esposa, que le había prohibido utilizar el domicilio familiar como laboratorio y a sus habitantes y visitantes como conejillos de indias, Blackley llenó la casa de vapores de cumarina, alcanfor, parafina, terebinto, menta, enebro, romero y lavanda. Los experimentos consistían en repartir dichas sustancias por las distintas habitaciones, debidamente selladas para que se saturasen de vapores, para luego respirar sus efluvios durante horas. Cada prueba se repetía al menos cuatro veces en distintas épocas del año. Blackley experimentaba con cada uno de esos compuestos de diferentes maneras: introduciéndose en las fosas nasales cintas de muselina empapadas con la sustancia sometida a examen, inyectándose el compuesto en la cavidad nasal o untándoselo en el labio superior a modo de ungüento.

Además, cada vez que se le presentaba la ocasión, Blackley experimentaba con sus visitantes, sobre todo los jóvenes colegas de profesión, a los que utilizaba como cobayas. Estos, por su parte, se prestaban a ello de buena gana, convencidos de que la excentricidad de Blackley no tenía por qué ser peligrosa. Por supuesto, se equivocaban, y ello quedó de manifiesto durante una cena que, además de poner a prueba la unión matrimonial de los Blackley, tuvo fuertes repercusiones para su vida social. Durante un viaje a la costa, nuestro protagonista había recogido grandes cantidades de manzanilla (*Matricaria camomilla*) y la había dejado a secar en el comedor:

Se recogieron cantidades considerables de la planta fresca y se distribuyeron por la pieza que utilizábamos como comedor para inhalar libremente el principio volátil. Fuertes dolores en la frente, con náuseas, mareos y dolor en la región epigástrica fueron los principales síntomas, los cuales al segundo día se volvieron tan desagradables que con gusto procedí a retirarla.

Los resultados, por muy dolorosos que fueran incluso en términos de incomprensión conyugal, habían merecido el esfuerzo, y, aunque los dolores habían sido intensos y molestos, «ninguno de nosotros presentaba ninguno de los síntomas típicos de la fiebre del heno». Por tanto, Blackley podía acotar aún más el campo de su investigación.

Agotado el terreno de la cumarina y los aromas vegetales, dirigió su atención hacia un candidato mucho más prometedor: el ozono. El interés por esa molécula parecía bien fundado. El ozono había sido descubierto en fecha reciente. En 1840, durante unos experimentos sobre la electrólisis del agua en la Universidad de Basilea, el químico Christian Friedrich Schönbein (1799-1868) había advertido un olor característico en el laboratorio. La presencia de ese aroma le había permitido constatar la existencia de un nuevo gas al que, por la persistencia de su olor, había puesto el nombre de ozono, del griego *ozein*, que significa «oler». Más tarde, dada la aparición del olor a ozono durante episodios de borrasca, se descubrió que dicho gas se hallaba presente de forma natural en la atmósfera. Durante sus experimentos, Schönbein había constatado personalmente que la inhalación de ozono provocaba «una dolorosa opresión en el pecho, una especie de asma y una tos violenta», lo cual lo había obligado a interrumpir sus investigaciones.

De resultas de ello, Schönbein había empezado a sospechar que ciertas enfermedades, como la fiebre del heno, podían estar relacio-

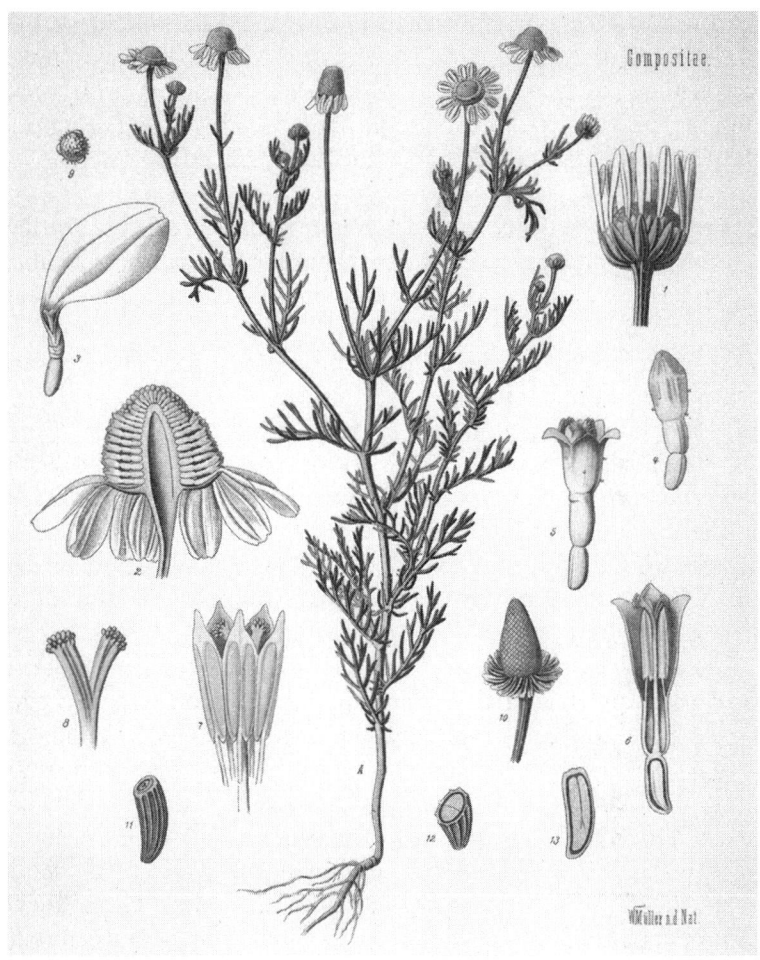

Fig. 56: Planta de manzanilla, con detalles de las hojas y de las flores internas y externas, en una lámina procedente de un volumen alemán de finales del siglo XIX que ilustra sus propiedades aromáticas.

nadas con la presencia de ozono en la atmósfera. Para comprobar si existía alguna relación entre los ataques de fiebre del heno y la cantidad de ozono en el aire, invitó a Basilea a un nutrido grupo de médicos, gracias a los cuales constató que los días que se registraba una concentración inusualmente alta de ozono atmosférico se producían mayor número de ataques. El interés de Blackley por el ozono partía de esos resultados experimentales. Obviamente, lo primero que había que hacer era encontrar un modo de medir el ozono atmosférico. La molécula había sido descubierta hacía poco y los equipos para analizarla eran poco comunes, pero sin ellos era imposible estudiar su influencia en la fiebre del heno.

Como todo buen científico, Blackley estaba obsesionado con la necesidad de disponer de instrumentos o métodos analíticos precisos y adaptables a las necesidades de sus experimentos. Y cuando no los había o no eran fiables, él mismo se las ingeniaba para perfeccionarlos, como hizo en el caso del ozono, o incluso inventárselos, como veremos que hizo en el del polen. En el caso del ozono atmosférico, el sistema de medición más común y fiable se basaba en el uso del llamado papel de Schönbein, consistente en un papel de filtro impregnado con yoduro de potasio al que se le añadían unos gránulos de almidón. El ozono del aire oxidaba el yoduro y lo convertía en yodo elemental, el cual, al reaccionar con el almidón, le confería al papel una coloración azul, tanto más oscura cuanto mayor fuera la concentración de ozono. Era un sistema muy sencillo y cómodo de utilizar. En la práctica, bastaba con preparar varias tiras de papel de Schönbein y dejarlas un determinado número de horas en contacto con el aire de las distintas zonas de la ciudad o de los alrededores cuya cantidad de ozono se desease conocer.

Sin embargo, el sistema no parecía satisfacer a Blackley debido a la escasa reproducibilidad de los resultados. Para comprobar la reproducibilidad del método, colocó varias tiras de papel de Schönbein unas al lado de otras, de suerte que todas estuvieran en contacto con el mismo aire durante el mismo tiempo. Para su consternación, vio que cada tira daba un resultado distinto. ¿Cómo iba a estudiar la influencia del ozono si no podía determinar con certeza su concentración en el aire? Pero Blackley no se dio por vencido. Para la prueba que acabamos de describir, había utilizado un papel proveniente de un famoso productor londinense. Receloso de la calidad del preparado, Blackley decidió fabricarse él mismo el material necesario para las pruebas. Los resultados mejoraron, pero seguían distando mucho de la precisión deseada.

A fuerza de experimentar, advirtió que el problema estaba en la disposición de los gránulos de almidón en el papel, que debía ser lo más uniforme posible. Y ahí radicaba la dificultad: no era nada sencillo distribuir los gránulos de almidón de manera uniforme. El problema parecía insoluble: durante meses, Blackley experimentó con diferentes formas de distribuir los gránulos, siempre con resultados insatisfactorios, hasta que un día, paseando por la playa durante unas vacaciones en la costa, le llamó la atención la distribución perfectamente uniforme de los granos de arena en la orilla cuando se retiraba el agua. Fue una auténtica revelación. Sin perder un instante, corrió de vuelta a casa y construyó un sencillo aparato que, gracias a la acción del agua, era capaz de depositar una capa fina y uniforme de almidón sobre el papel. ¡Por fin estaba todo a punto para estudiar el ozono! Equipado con su papel de prueba, Blackley pasó los meses siguientes en distintas regiones de Inglaterra midiendo la concentración de ozono en el aire y comparándola con los síntomas de la fiebre del heno en él mismo o en otras personas. Midió el ozono en el centro de Mánchester, en la periferia, en los campos de los alrededores y, finalmente, organizó expediciones a distintos puntos del país, a distintas altitudes y en todas las estaciones.

Cada experimento requería un mínimo de ocho horas de exposición, largas horas durante las cuales Blackley no tenía otro remedio que permanecer en el lugar de la medición, respirando a pleno pulmón y tomando nota de sus reacciones y de todo cuanto pudiera tener algún tipo de interés:

> Apenas merece la pena mencionar que yo estuve presente durante los experimentos y que a menudo sucedía que me pasaba varias horas en las rocas o en el punto extremo de los acantilados que ya he mencionado.

Es extraordinario. Tratemos de imaginarnos al doctor Blackley, con su barba estilo *amish*, sus cuadernos, termómetros, anemómetros y demás aparatos científicos, sus tiritas de papel revoloteando por todas partes, acurrucado en un incómodo espolón de roca en lo alto de un acantilado, ocupado en respirar profundamente mientras comprobaba si se le manifestaban síntomas de fiebre del heno,

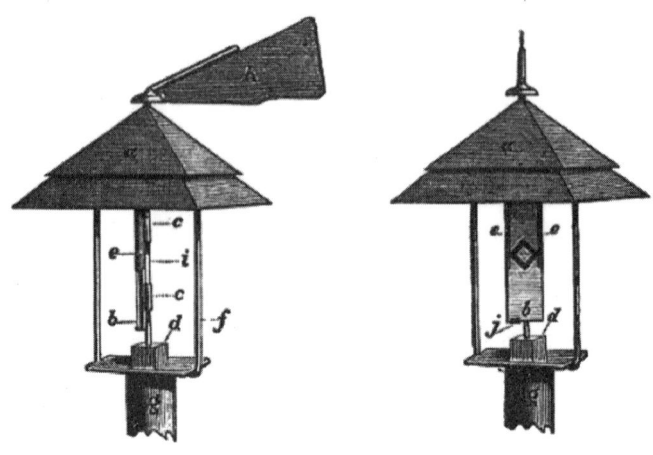

Fig. 57: Instrumentos utilizados por Blackley para medir el ozono atmosférico.

y eso en todas las estaciones, incluido el invierno ¡y hasta los días de tormenta! Y aun así, seguía sin darse por satisfecho. Necesitaba tachar definitivamente el ozono de la lista de posibles causas de la fiebre, de modo que –ante la resignación de su esposa– se encerró en su casa-laboratorio para producir ozono por medios químicos y dedicarse durante horas a respirar el gas en concentraciones mucho más elevadas que las que se encuentran en la atmósfera. Al final, se le ocurrió una genialidad: tras identificar a un grupo de personas aquejadas de fiebre del heno que partían en barco para Australia, les proporcionó todo lo necesario para medir cada día la cantidad de ozono en el mar y un cuestionario en el que debían consignar posibles síntomas de la fiebre del heno. Debían dejar las tiras de papel expuestas durante doce horas, entre las diez de la noche y las diez de la mañana, y luego guardarlas para su análisis. Cuando por fin, tras varios meses de impaciente espera, tuvo en sus manos los resultados de aquellos experimentos, el ozono quedó descartado de una vez por todas. A pesar de que la cantidad de ozono en el océano había sido muy alta durante meses, ninguno de los pacientes había sentido el menor síntoma de fiebre del heno durante la travesía. Había que tachar al ozono de la lista de sospechosos. Ya solo quedaba un sospechoso principal: el polvo. Sin embargo, algo no cuadraba del todo. La mayoría de los médicos que hablaban del polvo como causante del catarro de verano se referían a un misterioso «polvo común». Ese era el primer punto que Blackley no veía claro. Según él, ese polvo común sencillamente no existía, ya que la composición del polvo dependía del carácter geológico del suelo, la vegetación y la época del año, así como del «número y tipo de gérmenes y otros cuerpos orgánicos presentes en la atmósfera». A pesar de ello, la mayoría de las personas que sufrían de fiebre del heno parecían creer que el polvo (presente en las casas o en las cenizas de la chimenea) era la causa principal de su enfermedad.

Esto no convencía a Blackley, que se preguntaba cómo era posible que en Inglaterra la mayoría de los casos se manifestasen en los meses de junio a agosto, cuando la gente pasaba menos tiempo en casa en comparación con los meses de invierno y, obviamente, la cantidad de ceniza era mucho menor. Y, a la inversa, ¿cómo podía ser que el polvo atmosférico no tuviera ninguna influencia durante los meses de invierno? Todo parecía indicar, más bien, la presencia en el polvo de algún agente irritante presente solo durante los meses de verano y otoño, es decir, un agente ausente en invierno. La solución al enigma parecía andar cerca.

Como suele ocurrir, lo único que faltaba era un poco de suerte. Y esta se presentó de forma inesperada un soleado día de verano, durante uno de sus preciados paseos. En verano, pese a la amenaza de la fiebre del heno, nada hacía más feliz a Blackley que salir de excursión. Y ese día hacía un tiempo espléndido, demasiado bonito como para desaprovecharlo, después de tantas semanas encerrado en el estudio y el laboratorio.

Debemos imaginarnos al doctor Blackley dirigiéndose a paso ligero hacia uno de sus destinos favoritos, no muy lejos del centro de Mánchester. Hacía un día radiante y el camino era uno de los que más le gustaban, pintoresco y poco frecuentado por vehículos. Justo en ese momento, en medio de la belleza de la campiña inglesa, en una soleada mañana de julio, apareció un carruaje a gran velocidad que lo adelantó levantando una enorme nube de

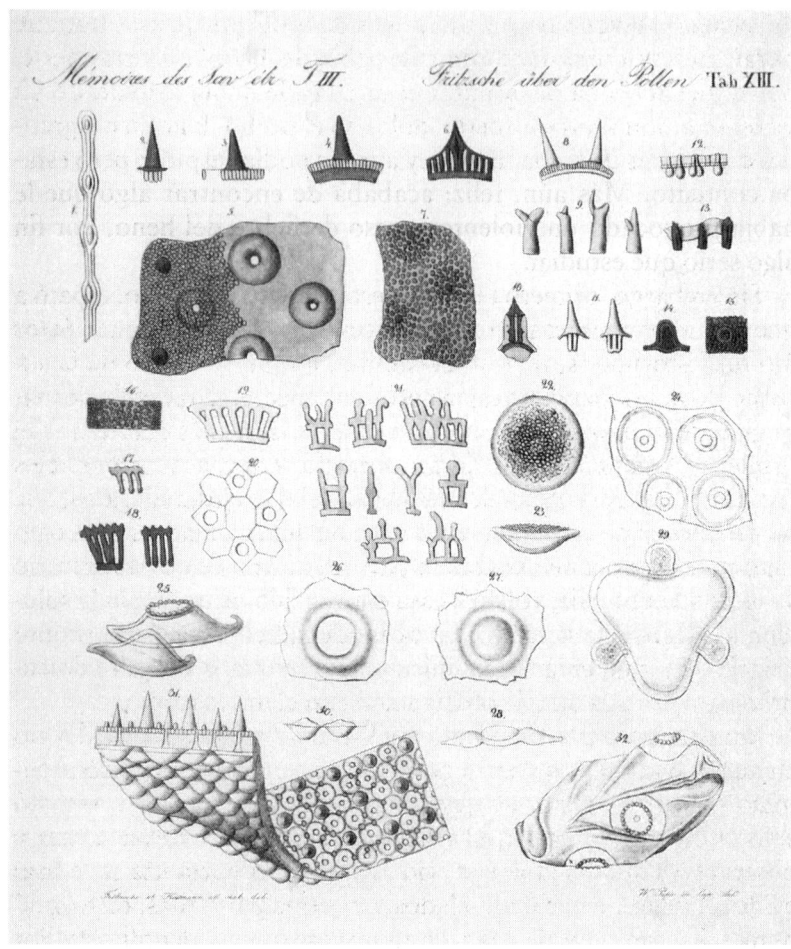

Fig. 58: Lámina donde se ilustran las distintas estructuras del polen en un volumen del siglo XIX.

polvo. Durante un buen rato, el pobre doctor no tuvo más remedio que respirar el aire polvoriento. No era algo que lo molestase, en absoluto: en los años que llevaba investigando había respirado de todo y durante mucho más tiempo. Sin embargo, ese día ocurrió algo distinto: había inhalado ácido benzoico, cumarina, ozono, ceniza, polvos varios y montones de otras porquerías durante horas sin sentir ningún síntoma de fiebre del heno, mientras que el polvo que acababa de levantar el carruaje le había provocado un violento ataque con tos fuerte, dolor en el pecho, lagrimeo y grandes cantidades de flema. Blackley apenas podía respirar, pero estaba contento. Más aún, feliz: acababa de encontrar algo que le había provocado un violento acceso de fiebre del heno. Por fin algo serio que estudiar.

Sin embargo, primero tenía que estar seguro. Para ello, esperó a que el ataque remitiera y, en cuanto cesaron las convulsiones de los últimos estornudos, regresó al camino, levantó el polvo de la superficie con las manos y respiró profundamente. ¡Maravilla de maravillas! *Gaudium magnum*: otro ataque, aún más fuerte que el primero. A punto estuvo de no contarlo: durante interminables minutos, una fuerte crisis de asma le impidió respirar. Blackley, que no cabía en sí de contento, tomó nota del lugar milagroso, recogió unas muestras del nefasto polvo para analizarlas en el laboratorio y, agotado pero feliz, volvió a casa convencido de que tenía la solución al alcance de la mano. La causa de la fiebre del heno pronto dejaría de ser un enigma; lo único que lo separaba del gran descubrimiento era una simple observación con el microscopio.

Sin embargo, tras un primer análisis microscópico, Blackley no encontró nada especial en el polvo. Al día siguiente, regresó al camino y, con varios portaobjetos preparados con glicerina, recogió solo la capa más superficial y ligera del polvo. Al volver a casa y observar las nuevas muestras, vio algo cuya importancia se le hizo evidente de inmediato: mezclados con otras partículas, distinguió numerosos gránulos de polen de alguna especie no identificada. Por fin tenía ante los ojos la causa de la fiebre del heno. Ya solo faltaba demostrar sin lugar a duda que aquellos microscópicos granos de polen eran los culpables.

No iba a ser fácil. El hecho de ser especialista en homeopatía lo hacía sospechoso a ojos de sus colegas, y afirmar que una sustancia como el polen, presente en cantidades tan diminutas, podía provocar síntomas tan fuertes parecía coincidir con los principios homeopáticos. Blackley tendría que presentar pruebas irrefutables si quería tener siquiera la posibilidad de que lo creyeran. De modo, pues, que hizo una lista con las preguntas que requerían una respuesta de tipo experimental:

1. ¿Puede producir el polen síntomas de fiebre del heno?
2. ¿Esta propiedad del polen se encuentra en el polen de todas las especies o se limita al polen de uno o varios órdenes de plantas? De ser así, ¿de qué órdenes o especies?
3. ¿Esta propiedad del polen se encuentra tanto en el polen seco como en el fresco?
4. ¿A qué sustancia especial presente en el polen debe atribuirse la acción nociva?

Para empezar, seleccionó treinta y cinco de las especies vegetales más comunes de Inglaterra y se administró su polen, fresco o seco, a sí mismo siguiendo cinco procedimientos distintos: 1. aplicándoselo en las mucosas nasales; 2. inhalándolo para ponerlo en contacto con las mucosas internas de la laringe, la tráquea y los bronquios; 3. aplicando un cocimiento de polen en la conjuntiva; 4. aplicándolo fresco en la lengua, los labios y la boca de la garganta; 5. inoculándose polen fresco en los miembros superiores e inferiores.

A fuerza de paciencia y sufrimiento, Blackley fue probando personalmente todas las especies por las distintas vías. A veces se administraba el polen de maneras tan imaginativas que cualquiera habría puesto en duda su cordura. Lo cierto es que hay algo perverso en que una persona que padecía una fuerte alergia al polen se administrase polen fresco de tilo en una fosa nasal y polen de botón azul en la otra para ver cuál de las dos especies provocaba los síntomas más rápidamente o con mayor virulencia. Por cierto, el botón azul resultó vencedor en ambas especialidades.

El registro de los experimentos parece el diario de un masoquista:

> Preparé un cocimiento de polen de gladiolo hirviendo una medida de polen en cien veces su peso en agua. Vertí una gota de ese líquido en mi ojo derecho. El efecto fue casi instantáneo. La primera percepción fue la de un ardor intenso unido a una sensación como cuando

se nos introduce arenilla en el ojo. La fotofobia fue tan acusada que durante varios minutos no pude abrir el ojo más que un segundo cada vez.

El otro ojo, por suerte, seguía funcionando, y con él, en actitud flemáticamente británica, el doctor Blackley observaba en el espejo qué curso seguía el ataque: «Con la ayuda de una lupa, pude ver cómo las venas más grandes de la conjuntiva se marcaban en la superficie», anotó. Poco después le llegó el turno a la garganta. Blackley se introdujo polen de *Alopecurus pratensis* para ver qué efecto tenía en las amígdalas. El resultado fue muy original:

A los pocos minutos de habérmelo administrado, apareció un ligero ardor y, al cabo de una media hora, todas las mucosas de la boca de la garganta estaban congestionadas. Al ardor le siguió enseguida la sensación de que algo duro y anguloso me obstruyera la garganta.

Como siempre, al examinar los efectos del polen en su organismo, Blackley se preocupaba de disponer de un grupo control: si con una fosa nasal inhalaba un poco de polen en una solución de alcohol, con la otra inhalaba la misma solución pero sin polen; si se excoriaba los brazos para comprobar los efectos del polen en la herida, un brazo era para el polen y el otro para el control. A Blackley, el hecho de que el cuerpo humano disponga de numerosos órganos por partida doble le vino como anillo al dedo.

De los muchos maltratos a los que sometió su cuerpo con el fin de identificar los daños provocados por el polen, algunos merecieron la pena más que otros. Al inocularse una solución con polen en brazos y piernas, Blackley inventó la clásica prueba cutánea que hoy en día se sigue utilizando para estudiar las alergias. Veamos la descripción original de la primera de una larga serie de inoculaciones en brazos y piernas:

A los pocos minutos de haber aplicado el polen en la zona excoriada, empezó a picar intensamente; las partes situadas en torno a la abrasión

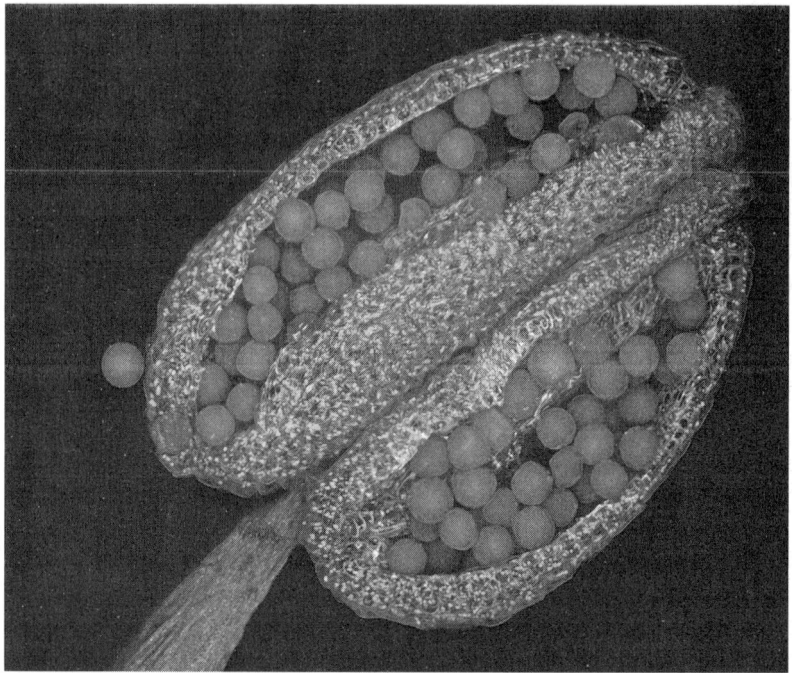

Fig. 59: Anteras y polen de *Arabidopsis thaliana* (© Dr. Heiti Paves).

empezaron a hincharse [...]. La hinchazón parecía deberse a un derrame en el tejido celular subcutáneo.

Una vez comprobados los efectos del polen en su propio cuerpo, Blackley pasó a estudiar el polen en sí, para entender qué lo hacía tan peligroso. Para ello, se llevó a casa varias flores de ambrosía sin abrir con la intención de estudiar su polen bajo el microscopio, pero, mientras preparaba los portaobjetos, inhaló un poco sin querer. Debilitado de tanto someter su cuerpo a pruebas tan poco convencionales, Blackley empezaba a experimentar ataques cada vez más virulentos. Un mes después –y esto sí es indicio de puro masoquismo–, se aplicó polen de ambrosía directamente en las fosas nasales para confirmar su propia sensibilidad hacia esa especie. El resultado fue catastrófico y tuvo que inyec-

Fig. 60: Portland Street, en Mánchester, en un grabado de mediados del siglo XIX.

tarse una dosis hipodérmica de morfina para hallar un poco de alivio.

Durante los meses siguientes, Blackley siguió comprobando el papel del polen en las alergias, con métodos a cuál más fascinante: poniéndose flores de centeno en el sombrero en contacto con su cabeza calva, paseando por la ciudad con compresas de gasa en las fosas nasales (y contando el número de inhalaciones realizadas para estimar la cantidad de polen inhalado)... Programaba sus vacaciones en la costa o en el campo en función del destino que más conviniera a sus investigaciones. Llevó a cabo todo tipo de experimentos atmosféricos con unos instrumentos de su propia invención hechos a base de tiras de vidrio recubiertas con una solución adhesiva de glicerina con la que medía la cantidad de gránulos de polen presentes en la atmósfera. Luego acoplaba esos mismos dispositivos a un respirador para evaluar la cantidad de polen inhalado y hacía lo mismo con unas gafas especiales con las cuales recorría Mánchester para determinar la cantidad de polen en los distintos barrios. Con cometas de seis metros de hilo, calculaba la cantidad de polen presente en la atmósfera a distintas altitudes. Una vez hecho todo eso, correlacionaba los resultados obtenidos con la gravedad de sus síntomas y, finalmente, en la segunda edición de su obra, incluyó –a sugerencia nada menos que de Charles Darwin, gran admirador de sus trabajos experimentales– un capítulo adicional en el que medía el peso del polen y constataba que «menos de 1/40.000 de grano inhalado cada veinticuatro horas es suficiente para inducir la enfermedad en su forma más leve, mientras que algo menos de 1/3427 de grano inhalado cada veinticuatro horas desencadena la fiebre del heno en su forma más grave».

A lo largo de su vida, Blackley, como tantos otros pioneros, fue visto como un bicho raro, una persona ciertamente encantadora, pero en el borde entre lo maniático y lo excéntrico. Un médico homeópata que se entretenía jugando con hierbas, pero poco de fiar. Sin embargo, es a él, a este pionero paciente y tenaz y a su descubrimiento del papel clave que desempeña el polen en las enfermedades alérgicas, a quien debemos el nacimiento de una nueva ciencia, la aerobiología, la rama de la biología que estudia los distintos corpúsculos orgánicos que flotan en el aire.

La próxima vez que en primavera os gotee la nariz y maldigáis el polen, acordaos del doctor Blackley. Al fin y al cabo, si sabemos qué hay que maldecir, se lo debemos a él.

Últimos títulos publicados

Serie Ensayo

Noelia Adánez
   Parentesco animal. Los feminismos incómodos de Doris Lessing y Kate Millett
David Alegre
   Colaboracionistas. Europa Occidental y el Nuevo Orden nazi
José Antonio Alonso
   El futuro que habita entre nosotros. Pobreza infantil y desarrollo
Vicenç Altaió
   El radar americano. Arquitectura, arte, comunicación visual y Guerra Fría
José Álvarez Junco
   Dioses útiles. Naciones y nacionalismo.
   Qué hacer con un pasado sucio
Ramón Andrés
   Caminos de intemperie
Ana Arambarri
   Música contra los muros. En el conflicto árabe-israelí
Juan Arnau
   La mente diáfana. Historia del pensamiento indio
   Manual de filosofía portátil
   La fuga de dios. Las ciencias y otras narraciones
   Materia que respira luz. Ensayo de filosofía cuántica
Francis Bacon
   Ensayos
Joan Brossa y Antoni Tàpies
   Con corazón de fuego. Correspondencia (1950-1991)
Elias Canetti
   Sobre Kafka. El otro proceso

Veza y Elias Canetti
Cartas a Georg. Amor, literatura y exilio en tiempos oscuros 1933-1948
P. E. Caquet
*Campanadas de traición. Cómo Gran Bretaña y Francia entregaron
Checoslovaquia a Hitler*
Ana Carrasco-Conde
Decir el mal. La destrucción del nosotros
La muerte en común. Sobre la dimensión intersubjetiva del morir
Jorge Carrión
Lo viral
Christopher Clark
Las trampas de la historia. De Nabucodonosor a Donald Trump
Sonámbulos. Cómo Europa fue a la guerra en 1914
Primavera revolucionaria. La lucha por un mundo nuevo 1848-1849
Antón Costas y Xosé Carlos Arias
Laberintos de la prosperidad. ¿Hacia una nueva Gran Transformación?
Ricky Dávila
Tractatus Logico-Photographicus. La fotografía explicada a los atunes
Luis Gonzalo Díez
*La epopeya de una derrota. El demonio de la política en los Episodios
Nacionales de Galdós*
Abejas sin fábula. Antropología del capitalismo
Agustín Fernández Mallo
Teoría general de la basura (cultura, apropiación, complejidad)
La forma de la multitud (capitalismo, religión, identidad)
Arnau Fernández Pasalodos
*Hasta su total exterminio. La guerra antipartisana en España,
1936-1952*
Joan Fontcuberta
La furia de las imágenes. Notas sobre la postfotografía
Desbordar el espejo. La fotografía, de la alquimia al algoritmo
Mireille Gansel
Traducir como trashumar
Marina Garcés
Escuela de aprendices
Ryan Gingeras
Los últimos días del Imperio otomano
Javier Gomá
Filosofía mundana. Microensayos completos
Un hombre de cincuenta años. Trilogía teatral

José Antonio Millán
Antonio de Nebrija o el rastro de la verdad
Mira Milosevich
El imperio zombi. Rusia y el orden mundial
Pankaj Mishra
Fanáticos insulsos. Liberales, raza e Imperio
Diego Moldes
En el vientre de la ballena. Ensayo sobre la cultura
Mercedes Monmany
Sin tiempo para el adiós. Exiliados y emigrados en la literatura del siglo XX
Albert Montagut
Reset. Cómo concluir la revolución digital del periodismo
Michel de Montaigne
Ensayos
Javier Moreno Luzón
El rey patriota. Alfonso XIII y la nación
Denis Mukwege
La fuerza de las mujeres
Juan Antonio Ortega Díaz-Ambrona
Las transiciones de UCD. Triunfo y desbandada del centrismo (1978-1983)
Pier Paolo Pasolini
El fascismo de los antifascistas
Escritos corsarios
Frank Pasquale
Las nuevas leyes de la robótica. Defender la experiencia humana en la era de la IA
Jeremy D. Popkin
El nacimiento de un mundo nuevo. Historia de la Revolución francesa
Pere Portabella
Impugnar las normas. Intervenciones sobre arte, cine y política
Jean-Claude y Colette Rabaté
Unamuno contra Miguel Primo de Rivera. Un incesante desafío a la tiranía
Fernando Reinares
11-M. La venganza de Al Qaeda
11-M. Pudo evitarse
Fernando del Rey
Retaguardia roja. Violencia y revolución en la guerra civil española
Fernando del Rey y Manuel Álvarez Tardío
Vidas truncadas. Historias de violencia en la España de 1936
Fuego cruzado. La primavera de 1936

Fernando del Rey y Miguel Martorell (eds.)
  Mercedes Cabrera. La historia y la política
José María Ridao
  Cuadernos de Malakoff
Gina Rippon
  El género y nuestros cerebros. La nueva neurociencia que rompe el mito del cerebro femenino
Marilynne Robinson
  ¿Qué hacemos aquí?
Bernardí Roig, Fernando Castro Flórez y Agustín Fernández Mallo
  Wittgenstein, arquitecto (el lugar inhabitable)
Pierre Rosanvallon
  El siglo del populismo. Historia, teoría, crítica
Jesús Ruiz Mantilla
  Divos
Carl Safina
  Aprender a ser salvajes. Cómo las culturas animales crían familias, crean belleza y consiguen la paz
Octavio Salazar
  La vida en común. Los hombres (que deberíamos ser) después del coronavirus
Andrés Sánchez Robayna
  Borrador de la vela y de la llama
Vanni Santoni
  Para escribir hay que leer
Karl Schlögel
  El siglo soviético. Arqueología de un mundo perdido
Andrew C. Scott
  Planeta en llamas. La historia del fuego a través del tiempo
Carlos Sebastián
  El capitalismo del siglo XXI. Mayor desigualdad, menor dinamismo
Yorgos Seferis
  Días 1931-1934
Marta Segarra
  Humanimales. Abrir las fronteras de lo humano
Cristian Segura
  Gente de orden. La derrota de una élite
Brendan Simms
  Hitler. Solo el mundo bastaba
Timothy Snyder
  Nuestra enfermedad. Lecciones de libertad en un diario de hospital

Anton Tenkei Coppens
Llamada intemporal, respuesta puntual. Guía para la práctica del budismo zen
Tzvetan Todorov
El espíritu de la Ilustración
Insumisos
Los enemigos íntimos de la democracia
Memoria del mal, tentación del bien. Indagación sobre el siglo XX
Fernando Vallespín
La sociedad de la intolerancia
Darío Villanueva
Poderes de la palabra. Retórica, política, derecho, literatura, publicidad
Bernard Wasserstein
Un pueblo de Ucrania. Krakovets y las tempestades de la historia
Edward J. Watts
La decadencia y caída de Roma. La clave para entender el mundo de hoy
Odd Arne Westad
La Guerra Fría. Una historia mundial